Tryphiodorus

Tryphiodori Aegypti Grammatici Excidium Troiae

Tryphiodorus

Tryphiodori Aegypti Grammatici Excidium Troiae

ISBN/EAN: 9783337243180

Printed in Europe, USA, Canada, Australia, Japan

Cover: Foto ©berggeist007 / pixelio.de

More available books at **www.hansebooks.com**

ΤΡΥΦΙΟΔΩΡΟΥ ΑΙΓΥΠΤΙΟΥ
ΤΟΥ ΓΡΑΜΜΑΤΙΚΟΥ
Ι Λ Ι Ο Υ Α Λ Ω Σ Ι Σ

TRYPHIODORI AEGYPTI
GRAMMATICI
EXCIDIVM TROIAE
GRAECE ET LATINE

ACCEDIT

INTERPRETATIO ITALICA

ANT. MAR. SALVINI

NVNC PRIMVM EDITA

EX AVTOGRAPHO BIBLIOTH. MARVCELL.

Recensuit , Varias Medicerum Codicum Lectiones ,
& Selectas Adnotationes Adiecit

ANG. MAR. BANDINIVS I. V. D.
LAVRENTIANAE BIBLIOTH.
REG. PRAEFECTVS.

FLORENTIAE
cIɔ. Iɔ. cc. LXV.

TYPIS CAESAREIS.

AMPLISS. ATQ. EXCELLENTISS. DOMINO

ALOYSIO COMITI CANALI

POTENTISS. SARDINIAE REGIS

APVD CAESAREM LEGATO

VIRO NOBILISSIMO ET CLARISSIMO

AD GLORIAM MAIORVM SVORVM AEQVANDAM
SVPERANDAMQ. OMNIVM VIRTVTVM EXEMPLIS
EXCVLTO ATQ. ORNATO.

ANG. MAR. BANDINIVS

PERENNEM FELICITATEM.

TE meminiffe arbitror, excellentiffime Comes, ac fapientiffime, quum duobus abhinc
annis ad potentiffimum, atque inviftiffimum Sardiniae Regem properares, Florentiae cum duobus filiis Tuis, optimae indolis, ac magnae
fpei adolefcentibus aliquantulum fubftitiffe, ut
noftras Academias, atque infignia veteris. ac

A 2 re-

4

recentioris aevi monumenta obiter perluſtrares.
Sed quum multa alia in florentiſſima hac Civita-
te ab exteris hominibus ob nobilium operum
ſplendorem avidiſſime conquiſita, viſenda forent,
ad Laurentianam Medicum Bibliothecam accede-
re ſtatim voluiſti, quam & Manuſcriptorum Codicum multitudine, & antiquitate, Graecorum
potiſſimum ac Latinorum longe quotquot exſtant
laudatas magnopere, ac celebres Scriptorum ſu-
pellectiles ſuperare non ignorabas, in quo ho-
neſto conſilio explendo, ego Tibi ob veterem
meum uſum, ac tractationem ipſius, operam
meam fidelem, & accuratam praeſtare non de-
ſtiti.

Laetus igitur vere fauſtuſque mihi fuit dies ille, quo Tu, Comes doctiſſime, atque integerri-
me, me quoque, nec una quidem vice, illic in-
viſere, ac ſtudia mea, meoſque in libraria Graecorum antiquitate tractanda conatus mirifice
commendare non es dedignatus. Praeterea, quum
pro Tua ſingulari in me humanitate maximam
diei partem familiariſſimo ſermone tecum im-
pendere, ac multa invicem de litteris ingenuiſ-
que

que artibus, de facra, ac profana eruditione, de temporum, & regnorum vicibus conferre datum effet, Te incredibili animi mei voluptate Graece, & Latine differentem audivi; iudiciumque Tuum de omni politiori litteratura diiudicanda fummopere probavi. Probitatem vero Tuam, morum candorem, prudentiam, aequanimitatem, iuftitiam, in negociis traStandis dexteritatem, ac fidem ita fum admiratus, ut quum omnes in Te exornando virtutes confluere facillimum fit cognofcere, difficillimum tamen fit, in qua maxime excellas iudicare.

Quare ne ullo umquam tempore tam dulcis rerum praeteritarum recordatio, tamque pura & fincera voluptas, e peStore meo dilabatur, utque omnes Tuum de litteris deque ftudiofis hominibus benemerendi ftudium, favorem, ac voluntatem, multo magis intelligant, volui tamquam votivam perennis obfequii, gratique animi mei tabulam, Nomen Tuum praeclariffimum ac celeberrimum huic exiguae quidem molis libello infcribere, quem Tua tamen leStiffima Bibliotheca, in qua maximam diei noStifque partem in lectione optimorum Scriptorum, cum antiquorum, tum recentiorum impendis, non indignum putavi.

Quod si quid audacter feci, animo lubens remitte, & mea studia, ea, qua polles apud Principes Viros auctoritate fove, ac tuere: quod mihi ad maiora praestanda maximo erit incitamento. Vale. Dabam Florentiae Kal. Augusti cIɔ. Iɔ. cc. LXV.

LE-

LECTORIBVS BENEVOLIS

ANG. MAR. BANDINIVS.

TRyphiodorum Coluthi aequalem è Carminis ſi-
militudine plerique coniiciunt. Sed Lilius Gre-
gorius Gyraldus Tom. II. Operum p. 166. longe
antiquiorem exiſtimaſſe videtur, quum inter Poëtas,
qui ſub Ptolemaeis vixerunt, ipſum commemoret.
Primus, quod ſciam, qui mentionem eius fecerit
eſt Heſychius Illuſtris, ubi agit de Neſtore Lycio.
Poſt Heſychium, qui ſub Anaſtaſio vixit Imperató-
re, Suidas etiam occurrit, Tzetzes ad Lycophro-
nem, & Chiliade IV. 997. Euſtathius denique ad
Odyſſeam Θ. 324.

Coluthum, quem nuper in turbam dedimus, in
plerifque editionibus, ut Graecis, Aldina, & emen-
datiore Henrici Stephani, tum Graecis, & Latinis
Michaëlis Neandri, qui notas addidit, Aemiliique
Porti, & Iacobi Lectii, comitatur Tryphiodorus,
ſeu Tryphiodori Aegyptii Poëma Epicum verſuum
DCLXXVII. quod inſcribitur Ἰλίυ ἅλωσις, ſive de
Troiae everſione.

Graece ſeparatim editum eſt Anno MDCXVII. 8.
curante Henrico Rumpio in uſum gymnaſii Ham-
burgenſis. Nonnulla eius loca emendat & illuſtrat
Paullus Leopardus, vir harum litterarum apprime
eruditus XIX. 1. & Lib. XX. Emendationum. Prae-
ſtantiſſima editio eſt, quae cum Latina verſione du-

A 4   pli-

8

plici, altera soluta, altera ligata oratione, itemque cum notis Nicodemi Frischlini, nec non Laurentii Rhodomanni castigationibus, lucem vidit Francofurti A. MDLXXXVIII. 4. Ipsum quoque carmine vertit Guilelmus Xylander ad calcem Diodori Siculi Basileae MDLXXVIII. fol. post priorem verssonem, quam versibus itidem, vix fedecim annos natus, elaboraverat, eoque inscio, Oporinus ediderat. Claudii Dausqueii notis in Quintum, & Coluthum, animadversiones eiusdem in Tryphiodorum exstant adiectae.

Scripta Tryphiodori deperdita, funt, Μαραθωνια· κὰ, & τὰ κατὰ Ἱπποδάμειαν. tum παράφρασιι τῶν Ὁμήρϛ παραβολῶν, & Odyssea λειτογράμμα· τος, de Vlyssis laboribus, & fabulis ad eum pertinentibus, ita inscripta, propterea quod in primo libro nullum esset A, in secundo nullum B, & sic de reliquis. Id Eustathius in Prolegomenis ad Odysseam pag. 4. aliter accepit, existimans in toto Tryphiodori opere nullum fuisse sigma, quod si verum esset, exsulavit ab universo ipsius opere nomen Vlyssis. Eius verba funt: Ὀδύσσειαν λειτογράμματον ποιῆσαι ἱστόρηται ἀπελάσας αὐτῆς τὰ σίγμα; fed ex his ipsis constat, neutiquam Eustathio visam hanc Odysseam, cuius meminit & Suidas; qui praeterea auctor est Tryphiodorum scripsisse παράφρασιν τῶν Ὁμήρϛ παραβολῶν. Vid. Clariss. Fabricium Biblioth. Graec. Lib. II. Cap. V. p. 341. & Cap. VII. p. 363. unde haec potissimum hausimus. Nos quoque post tot clarissinos viros, eo amore impulsi, quo antiquos

sem-

*semper scriptores prosequuti sumus, experiri volui-
mus, si opera ac studio nostro possemus Tryphiodorum meliorem reddere; idest aliquid macularum,
quae adhuc eius pulcerrimum Poëmation inquinant
delere. Vt autem id tutius adsequeremur, antiquos
Mediceae Laurentianae Bibliothecae Codices Mss.
depromsimus. Primus est Plut. XXXII. Cod. XVI.
chartac. in 4. Sec. XIV. optimae notae, quem in-
dicabimus littera A. Alter est Plut. XXXI. Cod.
XXVII. item chartac. in 8. Sec. XV. quem littera
B designamus. Horum ope mederi poëtae vulneribus non praetermisimus. Et quoniam nullo pa-
cto, litteris ad amicos datis, Tryphiodori editio-
nem consequi potuimus, quam Oxonii prodiisse,
anno circiter* MDCCXLV. *ex Praefatione Ioannis
Danielis a Lennep, Musaei editioni praemissa, Leo-
vardiae* MDCCXLVII. 8. *edocemur, consilium cepi-
mus, Tryphiodori Textum Graecum ab Iacobo Lectio inter Graecos Poëtas veteres editum, in nostra
hac editione adornanda potissimum adhibere; itemque Latinam interpretationem, cui tamen tempera-
re non potuimus, quin medicam aliquando ma-
num admoveremus. Praeterea Italicam versionem
subiecimus ab Antonio Maria Salvinio, viro cele-
berrimo diligentissime elaboratam, a nobis ex pa-
lantibus eius Chartis erutam, quae in Publica Ma-
rucellorum Bibliotheca cum reliquis eius scriptis re-
ligiosissime custodiuntur.*

*Addimus insuper breves aliquot notulas, quae
ad loca nonnulla illustranda idoneae maxime visae
sunt.*

sunt. Ne nobis igitur, amici lectores, bonarum litterarum studiosi, sitis ingrati, quum vobis nocte dieque, vel supra vires laboremus, nullis parcentes sumtibus, quamvis magnis, ac parvifacientes labores omnes, etiamsi in voluptate vivere, & in ocio esse possemus. Natus siquidem homo est ad laborem, & ad agendum semper aliquid viro dignum, non ad voluptatem, ut plerique faciunt, belluarum, ac pecudum ad instar. Valete.

ΤΡΥΦΙΟΔΩΡΟΥ

ΙΛΙΟΥ ΑΛΩΣΙΣ

TRYPHIODORI

EXCIDIVM TROIAE

DI TRIFIODORO

LA PRESA DI TROIA.

ΤΡΥΦΙΟΔΩΡΟΣ (1).

ΤΕ'ρμα πολυκμήτοιο μεταχρόνιον πολέμοιο,
 Καὶ λόχον, Ἀργείης ἱππήλατον ἔργον Ἀθήνης
Αὐτίκα (2) μοι σπεύδοντι, πολὺν διὰ μῦθον ἀνεῖσα,
Ἔννεπε, Καλλιόπεια, κỳ ἀρχαίην ἔριν ἀνδρῶν
5 Κεκριμένου πολέμοιο, ταχείῃ λῦσον ἀοιδῇ.
 Ἤδη μὲν δεκάτοιο κυλινδομένω λυκάβαντος,
Γηραλέη τετάνυστο φόνων ἀκόρητος Ἐνυὼ
Τρωσί τε κỳ Δαναοῖσιν· ἐναιρομένων δ' ἄρα φώτων,
Δ ύρατα κεκμήκει, ξιφέων δ' ἔθνησκον ἀπειλαί·
10 Σβέννυτο θωρήκων ἐνοπή· (3) μινύθεσκεν ἑλικτὴ
Ἀρμονίη λυθεῖσα (4) φερεσσακέων τελαμώνων·
Ἀσπίδες ὐκ ἀνέχοντο μένειν ἔτι δοῦπον ἀκόντων·
Λύετο καμπύλα τόξα, κατέρρεον ὠκέες ἰοί.(5)
Ἵπποι δ' οἱ μὲν ἄνευθεν ἀεργηλῆς ἐπὶ φάτνης
15 Οἰκτρὰ κάτω μύοντες ὁμόζυγας ἔστενον ἵππυς,
            Οἱ

---

(1) Τρυφιοδώρυ ἄλωσις Γλίν. A. Τρυφιοδώρυ Γλίν ἄλωσις. B.
(2) Totum hunc versum omittit A. (3) ἐνπή. A. (4) ριχθῖσα. A,
(5) ἰσά. A.

L A tarda fin della penosa guerra,
 E l'aguato, e 'l lavoro del Cavallo
Dell' Argiva Minerva, a me che ò fretta
Or or, lassato il ragionar soverchio,
Dinne, Calliopea; e di costoro
L'antica briga, nel fornir la guerra,
Con pronto sciogli, e con veloce canto.
Il decimo anno omai si volgea, quando
Vecchia Bellona si stendea di stragi
Non sazia, sì a' Troiani, come a' Danai:

           E ad

TRYPHIODORVS.

*F*Inem *ſerum laborioſi belli ,*
Et dolum equeſtrem , opus Argivae Minervae ,
Mox mihi feſtinanti , longum ſermonem omittens ,
Expone , Calliopea : & vetus certamen virorum
Sub finem belli , properante expedi Camoena .   5
Iam quidem exaĉto decimo anno ,
Produĉtum fuerat bellum caedibus inexplebile
Troianis & Graecis . Interfeĉlis autem viris
Haſtae defeſiae erant , gladiorum minae ſopiebantur .
Exſtinguebatur etiam ſtrepitus thoracum , & minue- 10
  batur arĉta
Connexio ſoluta lororum clypeos tenentium ,
Clypei vero non ſuſtinebant amplius exſpeĉtare ſtre-
  pitum iaculorum .
Solvebantur incurvi arcus , defluebant veloces ſagittae .
Equi autem ſeorſim exſiſtentes *in praeſepi otioſo ,*
Flebiliter caput demittentes , equos gemebant ſocios : 15
                                    Alii

E ad uccidere gli uomini le lance
Omai erano ſtracche; e delle ſpade
Languiano moribonde le minacce .
Smorzavaſi il rumor de' petti a botta ,
E la girevol ſtretta attaccatura
De' porta-ſcudi cuoi diſciolta andava .
Non più de' dardi il ſuon reggean gli ſcudi .
Stendeanſi gli archi , e giù ſcorrean le frecce .
Da ſe i cavalli in ozioſa ſtalla
Chinando giù meſchinamente gli occhi ,
I cavalli compagni ſoſpiravano ,

                                    Ed

Οἱ δ' αὐτὴν (1) ποθέοντες ὀλωλότας ἡνιοχῆας .
Κεῖτο δὲ Πηλείδης, κατέχων (2) ἅμα νεκρὸν ἑταῖρον .
Ἀντιλόχῳ δ' ἐπὶ παιδὶ γέρων ὠδύρετο Νέςωρ ·
Αἴας δ' αὐτοφόνῳ βριαρὸν δέμας ἕλκεῖ λύσας ,
20 Φάσγανον ἐχθρὸν ἔλυσε μεμηνότος αἵματος ὄμβρῳ.
Τρωσὶ δὲ λωβητοῖσιν ὑφ' Ἕκτορος ἐλκυθμοῖσι
Μυρομένοις , ἃ μοῦνον ἵην ἐπιδήμιον ἄλγος ·
Ἀλλὰ κỳ ἀλλοθρόοις ἐπὶ πένθεσι (3) κωκύοντες ,
Δάκρυσιν ἡμείβοντο πολυγλώσσων ἐπικύρων .
25 Κλαῖον μὲν Λύκιοι Σαρπηδόνα , τόν ποτε μήτηρ
Ἐς Τροίην πέμψεν μὲν (4) ἀγαλλομένη Διὸς εὐνῇ,
Δυρὶ δὲ Πατρόκλοιο Μενοιτιάδαο πεσόντα. (5)
Καὶ δολίην (6) ὑπὸ νύκτα κακῷ πεπεδημένον ὕπνῳ,
Ῥῆσον μὲν Θρήϊκες ἐκώκυον. ἡ δ' ἐπὶ πότμῳ
30 Μέμνονος ὑρανίην νεφέλην ἀνεδύσσατο μήτηρ .

Φέγ-

(1) αὐτές· A. B.   (2) ἴχων. B. μὶν ἴχων. A.   (3) πίνθῶ'. B.
(4) μὶν ἐπιμψε . A. B.   (5) Inter hunc & fequentem verſum, hic
inferitur in A. Αἵματι δακρύσας ἰχύθι πατρώος ἀνήρ.   (6) Καὶ δ'
ὠμύν. A.

Ed altri i cocchier morti defiando .
Pelide fi giaceva in compagnia
Del morto amico, e fopra 'l figlio Antiloco
Neſtorre il vecchio sì facea lamento ·
Aiace con ferita di fua mano
Sciogliendo la robuſla fua perfona ,
Lavò il cultel nimico con diluvio
Del matto fuo e furiofo fangue .
A' Troian danneggiati, e lamentanti
Pel replicato ſtraſcinar d' Ettorre ,
Non folo paefano era il lor duolo ,
Ma ancora urlando agli ſtranieri lutti ,

De-

Alii etiam equi *defiderantes* gemebant *aurigas in-*
　teremptos.
Iacebat vero Pelides, habens fecum mortuum fo-
　cium Patroclum.
Senex autem Neftor lugebat propter filium Antilo-
　chum.
Porro Aiax folvens robuftum corpus propria caede,
Lavit inimicum enfem imbre furiofi fanguinis.　　20
Troianis autem miferis & propter Hectoris raptationes
Lugentibus, non folum domefticus dolor aderat:
Verum.etiam propter luctus alienos lugentes,
Lacrimis refpondebant lacrimis *multorum auxilia-*
　torum fuorum.
Lycii quidem flebant Sarpedona, quem olim mater,　25
Iovis lecto fuperbiens, mifit ad Troiam,
Interfectum hafta Patrocli Menoetiadae,
Et impeditum perniciofo fomno, dolofa in nocte.
Rhefum etiam Thraces lugebant. Ipfa vero propter
　mortem
Memnonis, caeleftem fubiit nubem mater　　　　30
　　　　　　　　　　　　　　　　　　　　Au-

Degli Aiuti, che varie avean favelle,
Accompagnavan col lor pianto il pianto.
Piagneano i Liciani il lor Sarpedone,
Cui già la madre mandò a Troia, lieta
Per lo letto di Giove, dalla lancia
Del Meneziade Patroclo diftefo.
E fovra Refo urla metteano i Traci,
Nella notte legato in trifto fonno.
Per la morte di Mennone la madre
Si cacciò fotto a una celefte nube,

　　　　　　　　　　　　　　Di

Φέγγος ὑποκεύσασα (1) κατηφέος ἤματος ἠώς.
Αἱ δ' ἀπὸ Θερμώδοντος ἀρηϊφίλοιο γυναῖκες,
Κοπτόμεναι περὶ κύκλον ἀθηλέος ὄμφακα μαζῦ, (2)
Παρθένοι (3) ὠλύροντο δαΐφρονα Πενθεσίλειαν,
35 Ἥ"τε πολυξείνοιο χορὸν πολέμοιο μολοῦσα,
Θηλείης ἀπὸ χειρὸς ἀπεσκέδασεν νέφος ἀνδρῶν
Νῆας ἐς ἀγχιάλυς· μελίῃ δέ ἑ (4) μῦνος ἀποςὰς (5)
Καὶ κτάνε ἑ σύλησε κ̀ ἐκτερίξεν Ἀχιλλεύς.
Εἱςήκει δ' ἔτι πᾶσα θεοκμήτων ἐπὶ πύργων
40 Ἴλιος, ἀκλινέεσσιν ἐπεμβεβαῦα θεμίθλοις.
Ἀμβολίῃ δ' ἤγχαλλε δυσαχθέϊ λαὸς Ἀχαιῶν.
Καὶ νύ κεν ὑςατίοισιν ὑποκνήσασα πόνοισιν,
Ἀκάματός περ ἐῦσα, μάτην ἴδρωσεν Ἀθήνῃ,
Εἰ μὴ Δηϊφόβοιο γαμοκλόπον ὕβριν ἔασας,
45 Ἰλιόθεν Δαναοῖσιν ἐπὶ ξένος ἤλυθε μάντις.
Οἷα δέ τυ μογέοντι χαριζόμενος Μενελάῳ,

Ὀψι-

(1) ὑποκλίψασα. A. (2) εὐθήλοις ὄμφακα μάζῃς. B. (3) Παρ-
θίνω. A. (4) deeſt ἐ in B. (5) ὑποςάς. A.

Di un doloroſo giorno rimpiattando
L'Aurora il lume. E quelle donne ancora
Del Termodonte amico a Marte, il giro
Battendo acerbo della maſchia poppa,
Vergini, ne piagnevan la guerriera
Penteſilea, che andando nella danza
Della guerra, che molti avea ſtranieri,
Colla feminea mano un nugol d' uomini
Mandò diſperſi al lido, ed alle navi.
Ma col fraſſino lei ſol ſoſtegnendo

Ed

Aurora, lumen abfcondens tenebrofi diei.
Mulieres vero Amazones *a bellicofo Thermodonte,*
Ferientes circa circulum acerbum virilis mammae,
Ipfae *virgines, lugebant bellicofam Fentbefileam,*
Quae profeſta ad *exercitum Troianum,* 35
Feminea fua manu diffipavit nubem Graecorum
Ad naves litorales. Solus vero feorfim ftans hafta
Achilles, & interfecit eam *& fpoliavit, & terrae*
mandavit etiam.
Steterat vero adhuc fuper firmas munitiones
Troia, innixa immobilibus fundamentis. 40
Mora autem molefta affligebatur populus Graecorum,
Et ultimis confeſta laboribus,
Indejeffa quamvis exfiftens, fudaffet fruftra Minerva,
Nifi Deiphobi adulterinas nuptias deferens,
Ex iilo Graecis amicus veniffet vates Helenus. 45
Quafi fcilicet gratificaturus laboranti fruftra *Mene-*
lao,

Va-

Ed uccife, e fpogliò, e interrò Achille.
Reggevafi ancor tutta fulle torri
Dagl' Iddii fabbricate Ilio, montata
Su fondamenta immobili, e ben falde,
Per lo pefante indugio fi noiava
Il Popol degli Achei; e infiebolita
Dall'ultime fatiche, indarno avria,
Benchè indefeſſa, fudato Minerva;
Se 'l villano adulterio di Deifobo
Laſſando, non venia ofpite a' Danai
Vn indovin da Ilio; quafi in certo
Modo piacer faccendo a Menelao
Tra-

Ο'ψιτέλεςον ὄλεθρον ἐῇ μαντεύσατο πάτρῃ.
Οἱ δὲ, βαρυζήλοιο θεοπροπίης Ἑλένοιο,
Αὐτίκα μηκεδανοῖο μόθε τέλος ἠρτύναντο.
50 Καὶ Σκῦρον μὲν ἔβαινε λιτὼν ἐϋτάρθενον ἄςυ
Τἶὸς Ἀχιλλῆος κ̀ ἐπαινῆς Δηϊδαμείης·
Μήτω δ' εὐφυέεσσιν ἰυλίζων κροτάφοισιν,
Ἀλκὴν πατρὸς ἔφαινε, νέος περ ἐὼν πολεμιςής.
Ἢθελε κ̀ Δαναοῖσι νέος βρέτας αγνὸν ἄγεθαι,
55 Λήσῃ μὲν ἐοῦσα φίλης ἐπίκυρος Ἀθήνης. (1)
Ἢ ἂη κ̀ βυλῇσι θεῆς ὑπσεργὸς Ἑπειδς,
Τροίης ἐχθρὸν ἄγαλμα πελώριον Ἵππον ἐποίει·
Καὶ δὴ τέμνετο δοῦρα, κ̀ ἐς πεδίον κατέβαινεν
Ἴδης ἐξ αὐτῆς, ὁπόθεν κ̀ πρόσθε Φέρεκλος
60 Νῆας Ἀλεξάνδρῳ τεκτήνατο, πήματος ἀρχήν,
Ποίει δ' εὐρυτάτης μὲν ἐπὶ πλευρῆς ἀραρυῖαν

Γα-

(1) Ἦλθε δὴ καὶ Δαναοῖσιν ἰὸν βρέτας ἀγνὸν ἄγνεσα,
Λήτη μὲν ἰῦσα · φίλας δ' ἐπίκυρος Ἀθήνης. Α.
In textu vitium aliquod eſt.

Travagliante, il ben tardo al fine eccidio
A ſua patria predille, e indovinonne.
E quei pel vaticinio del crucciato
Eleno, toſto il fine apparecchiaro
Della proliſla briga. Or venne, Sciro
Città laſsando di vaghe pulzelle,
D' Achille e di gentil Deidamia
Il figlio, che non anco aveva meſſo
Il primo pelo ſulle vaghe tempia;
E bench' ei fuſſe giovane guerriero,
Pur del padre il valor ne diſcopriva.
Volle giovane ancor portare a' Danai
Vn caſto ſimolacro, dell' amica

Mi-

Vaticinatus eft tandem ultimum exitium fuae patriae
    Troiae.
Ipſi vero Graeci , *oraculis Heleni odio habentis Tro-*
    ianes moti ,
Illico appararunt finem belli diuturni .
Scyrum etiam linquens pulcram civitatem , adveniebat 50
Filius Achillis & laudatae Deidamiae Pyrrhus :
Nondum vero pubeſcens decentibus genis ,
Robur tamen *patris promittebat , iuvenis quamvis*
    bellator exſiſteret :
Voluit etiam Graecis iuvenis ipſe venerandam ſta-
    tuam Minervae *abducere ,*
. *Donum exſiſtens amicum auxiliariae Minervae ,* 55
Tum etiam Epeus faber conſiliis deae Minervae
Fabricabat immenſum equum , opificium inimicum
    Troiae ,
Et caedebat ligna , & in campum deducebat
Ex ipſa Ida, unde etiam prius Phereclus
Naves fabricaverat Alexandro , belli principium . 60
Faciebat autem in ampliſſimo latere aptatum
                      Ven-

Minerva dono, per ſoccorſo , infigne .
Ed omai per configli della Dea ,
Epeo ſottomaeftro edificava
Vo nimico di Troia fimolacro,
Vn immenſo Cavallo; e già le legne
Tagliavanſi , ed al piano eran tranate
Dalla medefima Ida , donde pria
Fereclo fabbricò ad Aleſſandro
Le navi, che del mal principio furo .
E in lunghiſſima bene acconcia coſta

24 ΤΡΥΦΙΟΔΩΡΟΣ,

Γαςέρα, κοιλήνας δ' ὁπόσον νεὸς ἀμφιελίσσης,
Ο';θον ἐπὶ ςάθμην μέγεθος τορνώσατο τέκτων,
Αὐχένα δὲ γλαφυροῖσιν ἐπὶ ςήθεσφιν ἔτηξε,
65 Ξανθῷ πορφυρότεζαν ἐπιρρήνας τρίχα χρυσῷ.
Η' δ' ἐπικυμαίνυσα μετήορος αὐχένι κυρτῷ,
Ε'κ κορυφῆς λοφόεντι κατεσφρηγίζετο δεσμῷ·
Ο'φθαλμοὺς δ' ἐνέθηκε λιθώπεας ἐν δυσὶ κύκλοιο,
Γλαυκῆς βηρύλλοιο, κỳ αἱμαλέης ἀμεθύςυ. (1)
70 Τῶν δ' ἐπιμισγομένων διδύμης ἀμαρύγμασι (2) χροιῆς,
Γλαυκῷ (3) φοινίσσοντο λίθων ἑλίκεσσιν ὀπωπαί,
Α'ργυρέυς δ' ἐχάραξεν ἐπὶ γναθμοῖσιν ὀδόντας,
Α'κρα δακεῖν σπεύδοντας ἐϋςρέπτοιο χαλινοῦ.
Καὶ ςόματος μεγάλοιο λαθὼν ἀνέῳξε κελεύθυς,
75 Α'νδράσι κευθομένοισι παλίρροον ἄσθμα φυλάσσων·
Καὶ διὰ μυκτήρων φυσίζοος ἔπνε' ἀϋτμή. (4)
Οὔατα δ' ἀκροτάτοισιν ἐπὶ κροτάφοισιν ἄρηρεν

O'ρ-

(1) ἀμιθύσυ. B. ἀμιθύττυ, A. (2) ἀμαρύγματι. A. (3) Γλαυ
κῶν. A. (4) Ἤρυν ἀίρ. A.

Fè la pancia, cavando come un corpo
Di nave, che va a remi d'ogn' intorno,
La statura tornì il fabbro a ſquadra;
Appiccò il collo ſovra 'i cavo petto,
Spruzzando di biondo or purpureo crine.
Queſto in alto ondeggiante ſovra 'l curvo
Collo era dalla teſta con legame
Creſtuto, ſigillato; ed in due cerchi
Occhi di pietra poſe, di ceruleo
Birillo, e di ſanguineo ametiſto.
Al volger delle pietre meſcolate
D'un luccicar di gemino colore,

D' as-

Ventrem , *cavans* eum *quanta est amplitudo navis*
    amplae ,
Magnitudinemque ipse artifex defcripfit fecundum
    rectam lineam ;
Cervicem vero infixit fculptis pectoribus ,
Flavo adfpergens auro purpuream comam ;   · *C;*
Ipfa vero fublimis incumbens curvae cervici ,
A vertice colligabatur nodofo vinculo.
Oculos etiam impofuit lapideos in duobus circulis
Caefii berylli , *& rubicundi amethyfti.*
Ipfi autem equo *propter geminos fplendores coloris* ¬ ·ᴀ
    mixtorum
Lapidum , *rubebant palpebris caefii oculi.*
Argenteos quoque fculpfit dentes in genis ,
Extremitates bene torti freni mandere conantes.
Oris quoque magni clandeftine aperuit vias ,
Praebens hac ratione *viris occultatis* in equo .*aë-* ¬;
    rem retrofluam ·
Per nares etiam fpirabat vivus halitus ·
Aures autem adaptavit in fummis temporibus

                                         Val-

D' azzurro porporìn fplendean le lucì·
Nelle mafcelle argentei denti fculfe ,
Studiantifi di mordere le cime
Del ben attorto freno ; e della vafta
Bocca furtivamente aprì le vie ,
Salvando il rifiatar per le nafcofe
Perfone , e per le nari refpirava
Il vivifico fiato; e in fulle tempià
Adattò in cima orecchie affai ben ritte ,

            B 3   Al

22 ΤΡΥΦΙΟΔΩΡΟΣ.

Ο'ρθὰ μάλ', αἰὲν ἕτοιμα μένειν σάλπιγγος ἀκύειν. (1)
Νῶτον ὁμῦ (2) λαγόνεσσι συνήρμοσε, ὁ ῥάχιν ὑγρήν.
80 Ἰσχία τε γλυτοῖσιν ὀλισθηροῖσι συνῆψεν.
Σύρετο δὲ πρυμνοῖσιν ἐπ' ἴχνεσιν ἔκλυτος οὐρὴ,
Ἄμπελος ὡς γναμπτοῖσι καθελκομένη (3) θυσάνοισιν.
Οὐδὲ πόδες (4) βαλιοῖσιν ἐπερχόμενοι γονάτεσσιν,
Ἄπτερον ὥσπερ ἔμελλον ἐπὶ δρόμον ὁπλίζεσθαι,
85 Οὕτως ἠτείγοντο· μένειν δ' ἐκέλευσεν ἀνάγκη·
Οὐ μὲν ἐπὶ κνήμησιν ἀχαλκέες ἔξεχον ὁπλαὶ,
Μαρμαρέης δ' ἑλίκεσσι κατεσφήκωντο χελώνης,
Ἀπτόμεναι πεδίοιο μόγις κρατερώνυχι (5) χαλκῷ.
Κληΐστὴν μὲν ἔθηκε θύρην, ὁ κλίμακα τυκτήν,
90 Ἡ μὲν ὅπως ἀΐδηλος ἐπὶ πλευρῆς ἀραρυῖα,
Ἔνθα ὁ ἔνθα φέρησι λόχον κλυτόπωλον Ἀχαιῶν·
Ἡ δ' ἀναλυομένη τε, ὁ ἔμπεδος αἰὲν ἐοῦσα, (6)
Εἴη

(1) ἀκύων. Α. (2) Νῶτα δ' ὁμῦ. Α. Νότω δ' ὁμῦ. Β. (3) γναμ-
πτοῦσι ἐπερχομίνη. Α. (4) Οἱ δὲ πόδις. Α. Β. (5) κρατερὸν ὀχῆ. Β.
ita in versione Latina exhibet Lectius.
(6) Ἡ δ' ἵνα λυομίνη τε ᾧ ἱμπιδον ως ἱν ἐοῦσα. Α.
Ἡ δ' ἀναλυομίνη τὸν ἱμπιδον ἵω ἐοῦσα. Β.

Al suono della tromba ognora preste.
Co' fianchi infieme ne commeffe il doffo,
E la fchiena arrendevole; e le cofce
Alle lubriche natiche congiunfe.
Traeafi fino agli ultimi veftigi
La ben difciolta e fpazzolante coda,
Qual vite ftrafcicante co' fuoi tralci.
Nè i piedi alzati fu' ginocchi bai,
Come fe al corfo fenz' ali doveffero
Accingerfi, così ne camminavano:

Ma

Valde reflas, semper paratas exspectare ut tubam
    audirent.
Spinam etiam mollem, simul & dorsum lumbis
    coaptavit;
Coxasque copulavit clunibus mollibus.   80
Trahebatur autem cauda demissa ad infima vestigia,
Quemadmodum vitis detracta tortuosis fimbriis.
Neque vero pedes maculosis genibus innitentes,
Quemadmodum debebant ad cursum sine alis pa-
    rari,
Ita pergebant: manere autem eos iussit necessitas.   85
Neque vero ungulae non aeneae exstabant super tibias,
Verum cooperiebantur involucris splendidae testudinis,
Vix tangentes solum solidungulo ferro.
Clausam etiam fabricavit ianuam, & scalam a se
    factam,
Ipsa quidem ut inconspicua in latere equi aptata,   90
Intus & extra ferret insidias inclytorum Graecorum:
Illa vero ianua aperta, & bene firmata semper exsi-
    stens,

                                                      Es-

Ma fermi a star necessità costrinseli.
Nè sporgeano alle gambe senza bronzo'
Vnghie, ma serrate erano con cerchi
Di rilucente tartaruga, il suolo
Toccando appena col robusto bronzo.
Pose una chiusa porta, e scala a chiocciola
In guisa lavorata, che nascosa,
Adattata alle coste, quinci e quindi
L' inclito equestre aguato degli Achei
Portasse, e quella sciolta, e sempre salda

Εἴη σφιν καθύπερθεν ὁδὸς, κ̀ νέρθεν ὀρῦσαι.
Ἀμφὶ δέ μιν λευκοῖο κατ' αὐχένος, ἠδὲ γενείων, (1)

95　Ἄνθεσι πορφυρέοισι λύκοισιν ἀναγκαίοιο χαλινῦ
Κλήσας (2) ἐλέφαντι κ̀ ἀργυροδίνεῖ χαλκῷ.
Αὐτὸς (3) ἐπειδὴ πάντα κάμεν μενεδήϊον ἵππον,
Κύκλον εὐκνήμιδα ποδῶν ὑπέθηκεν ἑκάςῳ,
Ἑλκόμενος πεδίοισιν ὅπως πειθήνιος εἴη,
100　Μηδὲ βιαζομένοισι δυσέμβατον οἶμον ὁδεύῃ.
Ὥς ὁ μὲν ἐξήςραττο φόβῳ, κ̀ κάλλεῖ πολλῷ.
Εὐρύς θ' ὑψηλός τε·τὸν οὐδέ κεν ἀρνήσαιτο,
Εἰ μιν ζωὸν ἔτευξεν (4), ἐλαυνέμεν ἵππιος Ἄρης.
Ἀμφὶ δέ μιν μέγα τεῖχος ἐλήλατο, μή τις Ἀχαιῶν
105　Πρίν μιν ἐπαθρήσειε, δόλον δ' ἀνάτυςον ἀνάψῃ.

　　　　　　　　　　　　　　　　Οἱ

---

(1) Lacunam inter verſ 94. & 95. ita explet A.
Ἀμφὶ δέ μιν λευκοῖο. . . .
Ἄνθεσι πορφυρέοισι πέριξ ἴζωσιν ἱμάντων,
Καὶ σκολιῇς ἱλίκεσσιν ἀναγκαίοιο χαλυῦ
Κολλήσας ἐλέφαντι, κ. λ.
In Cod. B nulla defeΔus eſt nota.
(2) Κολλήσας. B. (3) Αὐτὰρ.A. B. (4) ἵππμιν. A.

Fuſſe lor ſotto, e ſopra a girne ſtrada,
E intorno a lui dal bianco collo, e guance
＊＊＊＊＊
Con fior purpurei al neceſſario freno
Chiudendo con avorio, e con argenteo
Rame. Or poich' egli tutto ebbe condotto
L'oſtil Cavallo, una aggiuſtata ruota
Poſe ſotto a ciaſcuna delle gambe,
Acciò tratto pe' pian, girevol foſſe,

　　　　　　　　　　　　　　　　Nè

Effet ipfis via furfum & deorfum proruendi.
Deinde vero undique ipfum circa cervicem candi-
dam, & genas,

* * * *

Floribus purpureis lupatis necefarii freni 95
Ornavit ex *ebore, & aere argenteos vortices ha-*
bente.
Ipfe poftquam fecundum *omnia abfolvit .hoftilem*
equum,
Suppofuit unicuique pedum rotam tibiis congruam,
Vt tractus in *campo, verfatilis effet,*
Neque difficulter viam ambularet trahentibus Tro- 100
ianis.
Sic is quidem effulfit horrore, & decore multo,
Capaxque & excelfus ipfe. *Eum vero neque recu-*
faffet
Mars equeftris agere, fi fabricaffet eum Epeus *vi-*
vum.
Circa ipfum autem magnum murum excitarat Epeus,
ne quis Graecorum
Prius ipfum adfpiceret, & efferret dolum nondum 105
vulgatum.

Ipfe

Nè a chi il tiravà, via afpra faceffe,
Così ei lampeggiava di fpavento
E di molta bellezza, ed ampio, ed alto,
Cui ricufato non avria, fe vivo
L' aveffe fatto, guidar Marte equeftre.
Ma lui d'un muro grande intorno cinfe,
Ch' alcun de' Greci pria non lo miraffe,
E 'l non udito inganno rivelaffe.

Ora

Οἱ δὲ Μυκηναίης Ἀγαμέμνονος ἐγγύθι νηὸς,
Λαῶν ὑρομένων (1) ὅμαδον κֽ κῦμα φυγόντες,
Ε'ς βυλὴν βασιλῆες ἀπωλίσθησαν (2) Ἀχαιῶν.
Η' δὲ ταρυφθόγγοιο (3) δέμας κήρυκος ἐλῦσα,
110 Συμφράδμων Ὀδυσῆι παρίςατο θοῦρις (4) Ἀθήνη,
Ἀνδρὸς ἐπιχρίνσα μελίχροῖ νέκταρι φωνήν.
Αὐτὰρ ὁ δαιμονίηςι νόον βυλῇσιν ἑλίσσων,
Πρῶτα μὲν ἑςήκει κενεόφρονι ἀνδρὶ (5) ἐοικὼς,
Ὄμματος ἀςρέττοιο (6) ςολὴν (7) ἐπὶ γαῖαν ἐρείσας.
115 Ἄφνω δ' ἀενάων ἐτέων ὠῖνας ἀνοίξας,
Δεινὸν ἀνεβρόντησε, κֽ ἱερίης (8) ἅτε πηγῆς,
Ε'ξέχεεν μέγα κῦμα (9) μελιςαγέος νιφετοῖο·
Ὠ' φίλοι, ἤδη μὲν κρύφιος λόχος ἐκτετέλεςαι,
Χερσὶ μὲν ἀνδρομέης, αὐτὰρ (10) βυλῇσιν Ἀθήνης.
120 Ὑμεῖς δ', οἵ τε μάλιςα πεποίθατε κάρτεϊ χειρῶν,
Πρόφρονες ἀλκήεντι νόῳ κֽ τλήμονι θυμῷ

Στί-

(1) ὀρνυμένων. A. (2) ἀπολλίσθησαν. A. (3) παρυφθόγγοιο. B.
(4) θῦρος. A. (5) φωτὶ. A. (6) ἀτρέττοιο. A. (7) βουλὴν. B. ita
explicat in verſione Lectius. (8) ἱερίης. A. (9) λεῖτμα. (10) ἀνα
δρομένσιν, ἀτὰρ. A.

Ora appreſſo alla nave Miceneſe
D'Agamennone, i Regi degli Achei,
L'onda, e 'l rumor de'popoli fuggendo,
A far ſi ragunaro parlamento.
Preſa figura di canoro araldo,
Conſigliera ad Vliſſe allato ſtava
Fiera Minerva, di quell'uomo ungendo
Con nettare melato la favella.
Quei ravvolgendo in cuor ſenni divini,
Pria ſtava in piedi a ſciocco uomo ſimile,

Fic-

Ipsi vero ad navem Micenaeam Agamemnonis,
Populorum confluentium multitudinem , & undam
  linquentes ,
Ad consilium reges Graecorum convenerunt.
Ipsa autem , corpus assumens praeconis canori ,
Minerva adstabat strenua consultori Vlyssi,   110
Inungens vocem viri mellito nectare .
Verum ipse mentem volvens divinis consiliis ,
Primum quidem stabat insipienti viro similis ,
Ad terram figens obtutum oculi immobilis .
Subito vero aperiens fontes semper fluentium verbo- 115
  rum ,
Horribiliter fulminare visus est, & veluti de *sacro*
  fonte ,
Effudit magnum flumen nivis mellifluae .
  O *amici, iam quidem* tectus ille *dolus absolu-*
   tus est ,
Manibus quidem humanis , sed consiliis Minervae .
Vos vero, qui maxime fiditis robori manuum ,   120
Promti intrepido pectore , & tolerante animo

                                              Se-

Ficcando in terra i rai d'immobil occhio.
Di perenni parole a'chiusi parti
Dando l'andar, tonava orribilmente,
E qual da sacra fonte, fuor versava
Vn grosso flutto di melate nevi.
Amici, il cupo aguato è omai compiuto,
Con mani umane, e con voler di Palla.
Voi che in balia di man vi confidate,
Pronti con mente forte, ed alma ardita

                                              Se-

Σπέσθε μοι· ἢ γὰρ ἔοικε πολὺν χρόνον ἐνθάδε ὄντας (1)
Μοχθίζειν ἀτέλεςα ἢ ἀχρέα γηράσκοντας·
Α'λλὰ χρὴ ζώοντας ἀοίδιμον ἔργον ἀνῦσαι,
125 Η᾽ θανάτῳ βροτόεντι κακοκλεὲς αἶσχος ἀλύξαι.
Η᾽μῖν θαλπωραὶ προφερέςεραι, (2) ἤ περ ἐκείνοις·
Εἰ μή που ςρυθοῖο, ἢ ἀρχαίοιο δράκοντος,
Καὶ καλῆς πλατάνοιο, ἢ ὠκυμόροις ἐπὶ τέκνοις
Μητέρος ἑλκομένης, ἀπαλῶν τε λάθεσθε νεοσσῶν.
130 Εἰ δὲ θεοπροπίησι γέρων ἀνεβάλλετο Κάλχας,
Α'λλὰ ἓ ὡς Ε'λένοιο μετήλυθος ὀμφητῆρος
Μαντοσύναι καλέυσιν ἑτοιμοτάτην ἐπὶ νίκην.
Τοὔνεκά μοι πείθεσθε, ἢ ἱππείην ἐπὶ νηδὺν
Θαρσαλέως (3) ςτεύδωμεν, ὅπως αὐτάγρετον ἄλγος
135 Τρῶες ἀταρβήτοιο θεῆς ἀπατήνορα τέχνην
Ι'λιον εἰσανάγωσιν, ἑὸν κακὸν ἀμφαγαπῶντες.
Οἱ δ᾽ ἄλλοι πρύμναια μεθίετε πείσματα νηῶν,

Πῦρ

(1) ἐνθάδ᾽ ἰόντας. Α. (2) προφερέςεραι. Α. (3) θαρσαλίως. Α. Β.

Seguitemi: che ben non è, che molto
Tempo qui ſtando noi ci conſumiamo
Senza concluſione travagliando,
E con frutto niuno qui invecchiando.
Ma duopo è vivi opra fornire eterna,
O con morte, e con ſangue onta fuggire.
Noi più, che lor, riſcaldan belle ſpemi.
Se a forta voi ſcordati non vi fete
Della paſſera, e del dragone antico,
Del bel platano, e della madre tratta
Sopra i figliuoli ſuoi di preſta morte,
E de' pulcini pargoletti, e teneri.
Che ſe co' vaticin Calcante il vecchio

L'in-

Sequimini me : non enim decet longum tempus heic
    exsistentes,
Laborare sine fine , & senescentes inutiliter,
Sed oportet viventes celebre opus perficere ,
Aut morte cruenta turpe dedecus evitare .   125
Nobis Graecis *spes meliores* sunt *, quam illis* Troia-
    nis .
Nisi forte passeris , & antiqui draconis ,
Et pulcrae platani , & super brevis vitae filios
Matris interfectae , & tenerorum pullorum obliti estis ,
Si vero protraxit tempus *senex Calchas vaticiniis ,*   130
Verumtamen etiam Heleni vatis advenae
Oracula vocant nos *ad victoriam certissimam .*
Propterea obtemperate mihi , & equinam in alvum
Audacter properemus , ut spontaneum malum ,
Fallacem artem intrepidae deae Minervae *Troiani* 135
In Ilium introducant , suum malum amplexantes .
Vos vero *alii laxate rudentes extremos navium ,*
                            Ignem

L' indugiò , or d' Eleno , ch' a noi venne
Oracolista , predizion ci chiama
A una sicurissima vittoria .
Però ubbidite me , e nell'equestre
Ventre andianne pur su speditamente ,
Acciò a occhi veggenti il lor dolore ,
E l'ingegno , che gabba le persone ,
I Troian della Dea senza paura ,
Introducano in Ilio , il proprio male
Accarezzando intorno , ed abbracciando ,
Voi altri andar lassate dalle navi
I poppesi lor cavi , alle intrecciate
                            Ten-

Πῦρ ἴδιον πλεκτῇσιν ἐνὶ κλισίῃσι βαλόντες·
Ἰλιάδος δὲ λιπόντες ἐρημαίην χθονὸς ἀκτὴν,
140 Πλώετε πανσυδίῃ ψευδώνυμον οἴκαδε νόςον,
Εἰσόκεν εὐόρμου τετανυσμένου ἐκ περιωπῆς
Ὕμμι συναγρομένοις ἐπὶ γείτονος αἰγιαλοῖο (1)
Σημαίνῃ παλίνορσον ἐπὶ πλόον ἑσπέριον πῦρ.
Καὶ τότε μήτέ τις ὄκνος ἐπειγομένων ἐρετάων
145 Γιγνέσθω, μήτ' ἄλλο φόβῳ νέφος, οἷά τε νύκτες
Ἀνθρώποισι φέρουσιν ἐλαφροῦ δείματα θυμοῦ.
Ἔςω δὲ προτέρης ἀρετῆς ἐμφύλιος αἰδώς·
Μήτέ τις αἰσχύνειεν ἑὸν κλέος, ᾧ κεν (2) ἕκαςος
Ἄξιον ὧν ἐμόγησε λάβοι γέρας ἵππους ἀνδρῶν. (3)
150 Ὣς φάμενος βωλῆς ἐξήϊε· (4) τοῖο δὲ μύθοις (5)
Πρῶτος ἐφωμάρτησε Νεοπτόλεμος θεοειδὴς,
Πῶλος ἅτε δροσόεντος ἐπειγόμενος πεδίοιο,
Ὅς τε νεοζυγέεσσιν ἀγαλλόμενος φαλάροισιν,

Ἔφθα-

(1) Haec lectio eſt Codicis A. eamque uti optimam in textum
induximus. (2) ᾧς ꜩ. A. (3) λάβῃ γέρας Ἱπποσυνάων. A.
(4) ἐξέχιτο. A. (5) μύθω. B.

Tende mettendo il fuoco; e abbandonando
Dell' Iliade terra il lido, in truppa
A caſa navigate con ritorno
Di falſa voce; finoacchè da un' alta
Vedetta di bel luogo alla marina
Sicuro e ſteſo, a voi inſieme uniti
A' vicin lidi, a navigare addietro
Tornando, faccia cenno il fuoco a ſera.
E allor non fia pur minimo indugio,
E a tutta voga i remator s' arranchino;
Nè nube di timore altra ne ſia,

Qua-

TRYPHIODORVS. 31

Ignem proprium in tentoria exſtruſta iacientes:
Deſertum autem litus Troianae terrae linquentes,
Navigate omni ſtudio domum ad confiſtum reditum. 140
Donec e ſpecula litoris eminentis,
Vobis congregatis ad vicina litora
Signum det noſturnus ignis ad navigationem retro-
      gradam.
Et tunc neque ceſſatio aliqua urgentium remigum
Fiat, neque alia ſit *timoris nubes, cuiuſmodi noſtes* 145
Hominibus ferunt terrores trepidi animi.
Sit vero vobis pudor ingenitus prioris virtutis:
Neque quis dedecoret ſuam gloriam, ut unuſquiſque
Dignum laboribus ſuis accipiat honorarium, equos
      hoſtium.
   Sic loquutus e concilio exibat. Eius vero verba 150
Primus inſequutus eſt Neoptolemus divinus,
Quemadmodum pullus feſtinans per *roſcidum cam-*
      pum,
Qui quidem novis phaleris ſuperbiens,   ..
                                          Prae-

   Quali agli uomini apportano le notti,
   Di lieve cuor paure, ed ìſpaventi.
   Del primier ſia valor tra voi vergogna;
   Nè alcun ſporchi ſua gloria; onde ognune
   Degno di ſua fatica guiderdone
   Ne riporti, degli uomini i cavalli.
Sì detto, ſe n'uſciva ei dal Conſiglio;
   E a'ſuoi detti primier ne venne dietro
   Di divino ſembiante Neottolemo,
   Qual puledro, che in piano rugiadoſo
   Frettoloſo ſen corre, che ſuperbo
   Della ſua bardatura a nuovo giogo,
                                          Pre-

Ἔφθασε κỳ μάςιγα κỳ ἡνιοχῆος ἀπειλήν.

155 Τυδείδης δ᾽ ἐπόρυσε Νεοττολέμῳ Διομήδης,
Θαυμάζων, ὅτι τοῖος ἔην κỳ πρόσθεν Ἀχιλλεύς.
Εὔστετο κỳ Κυανίππος, ὃν εὐπατέρεια Κομαιθὼ
Τυδῆος (ʹ) θαλάμοιο μινυνθαδίοιο τυχοῦσα,
Ὠκυμόρῳ τέκε παῖδα σακεστάλῳ Αἰγιαλῆϊ.

160 Εὗςηκεν Μενέλαος · ἄγεν δέ νιν ἄγριος ὁρμὴ
Δηϊφόβῳ ποτὶ δῆριν, ἀπηνέϊ δ᾽ ἔζετο θυμῷ, (ₐ)
Δεύτερον ἁρπακτῆρα γάμου λελιημένος εὑρεῖν.
Τῷ δ᾽ ἐπὶ Λοκρὸς ὄρουσεν, Ὀϊλῆος ταχὺς υἱὸς,
Εἰσέτι θυμὸν ἔχων πεπνυμένον, οὐδ᾽ ἐπὶ κούραις

165 Μαργαίνων ἀθέμιςον. ἀνέςησεν δὲ κỳ ἄλλον
Κρητῶν Ἰδομενῆα μεσαιπόλιον βασιλῆα.
Νεςορίδης δ᾽ ἅμα τοῖσιν ἔβη κρατερὸς Θρασυμήδης,
Καὶ Τελαμώνιος υἱὸς ἐκηβόλος ἤϊε Τεῦκρος ·

Εὔ-

---

(1) Τυδῆς. Α. (2) Ita locum hunc ex lectione utriusque Codicis
reddendum duximus, quum aliter Lectius legat.

Previen la forza, e del cocchier le grida.
E appreſſo Neottolemo Tidide
Diomede moſſe, in ſe maravigliando,
Ch᾽ era anco prima coſì fatto Achille.
Cianippo ſeguio, che Cometo
Di gentil padre nata, e di Tideo
Per poco tempo il talamo godendo,
Partorì figlio al vibrator di ſcudo,
Ma ben di preſta morte Egialeo.
E fuvvi Menelao, cui traportava
Vn impeto beſtiale, che con cruda
Alma cercava lite con Deifobo,

Del

Praevenit & flagellum & equitis increpationem.

Tydei autem filius Diomedes fubfequntus eſt Neopto- 155
    lemum,

Eum admiratus, quia talis fuerat etiam prius
    Achilles.

Sequebatur etiam Cyanippus, quem generoſa Comae-
    tho,

Tydei nuptias breves fortita,

Pepcrit filium bellicoſo, ſed brevis vitae Aegialeo.

Adfuit etiam Menelaus; incitabat vero ipſum ferox 160
    impetus

Ad contentionem cum Deiphobo, gravique aeſtuabat
    ira,

Cupiens invenire alterum uxoris ſuae raptorem.

Poſt hunc prodiit Locrenſis Aiax, acer filius Oilei,

Adhuc habens animum prudentem, neqũe in puellis

Inſaniens illicite. Suſcitavit vero etiam alium 165

Idomenea Cretenſium regem ſemicanum.

Cum his etiam Neſtorides ibat fortis Thraſymedes,

Ibat etiam Teucer iaculator, Telamonis filius,

                        Eiſ-

Del matrimonio il rapitor ſecondo
Agognando trovare. Ed appo lui
Sorſe il Locro d' Oileo rapido figlio,
Che per anco tenea ſaputo cuore,
Nè diſoneſtamente egli impazziva
Sulle donzelle; e ſè levarſi un altro
De' Creti Idomeneo il Re brinato.
Traſimede Neſtoride con loro
In compagnia n' andò, il valoroſo;
Ed andò Teucro, Telamonio figlio,

         C   Saet-

Εὔμηλος · (1) μετὰ τόνδε θεοπρόπος ἔσσυτο Κάλχας,
170 Εὖ εἰδὼς, ὅτι μόχθον ἀμήχανον ἐκτελέσαντες
Ἤδη Τρώϊον ἄςυ καθιππεύοισιν Ἀχαιοί.
Οὐδὲ μὲν ὐδ᾽ οἱ ἔλειφθεν ἀποςραφέντες ἀρωγῆς,
Δημοφόων (1) τ᾽, Ἀκάμας τε, δύω Θησήϊα τέκνα · (3)
Ὀρτυγίδης Ἀντικλος, ὃν αὐτόθι τεθνειῶτα
175 Ἵππῳ δακρύσαντες ἐνὶ κτερέϊξαν Ἀχαιοί ·
Πηνέλεώς τε, Μέγης τε, κ᾽ Ἀντιφάτης ἀγαπήνωρ,
Ἰφιδάμας (4) τε, κ᾽ Εὐρυδάμας, Πελίαο γενέθλη ·
Τόξῳ δ᾽ Ἀμφιδάμας κεκορυθμένες · ὕςατος αὖτε
Τέχνης ἀγλαόμητις ἑῆς ἐπέβαινεν Ἐπειός.
180 Εὐξάμενοι δὲ ἔπειτα Διὸς γλαυκώπιδι κούρῃ,
Ἱππείην ἔσπευδον ἐς ὁλκάδα · τοῖσι δ᾽ Ἀθήνη
Ἀμβροσίῃ (5) κεράσασα θεῶν ἐκόμισσεν ἐδωδὴν
Δεῖπνον ἔχειν, ἵνα μή τι πανημέριοι λοχόωντες,
                                          Τει-

(1) Inter verf. 168. & 169. hunc inferit A.
  Τοῖσι δ᾽ ἐπ᾽ Ἀδμήτοιο παῖς πολύϊππος ἀνέςω
  Εὔμηλος ....
(2) Inter hunc & fuperiorem verfum h·c legitur in A.
  Εὐρύπυλός τ᾽ ἰυαρμωίδης, ἀγαθός τι Λιοντιύς. (feu Λιωτάς.)
(3) δοιὼ Θησῆα τικνὼ. B. (4) Ita legimus duce utroque Codice.
(5) Ἀμβροσίῳ. B.

Saettatore; Eumelo, e dopo lui
Calcante l'indovino ne veniva,
Sapendo ben, che omai condotta a fine
La dubbia ineſtricabile fatica,
Cavallata faran ſovra di Troia,
E così al fin la prenderan gli Achivi.
Nè indietro ſi rimaſero lontani
Dal dare aita, due Teſeii figli,
Demofoonte, ed Acamante: Anticlo

                                    Or-

Eumelufque. Poſt hunc vero properabat Calchas vates,
Bene intelligens, quod labore immenſo abſoluto,　　170
Graeci tandem Troianam urbem equo invaſuri eſſent.
Neque vero & hi relicti ſunt, averſi ab auxilio,
Demophoon & Acamas, duo Theſei filii :
Et Ortygides Anticlus, quem ibi mortuum
In equo lugentes ſepeliverunt Achivi ;　　175
Peneleus quoque,& Meges,& Antiphates magnanimus;
Iphidamaſque, & Eurydamas, Peliae proles,
Amphidamas etiam arcu eximius. Tandem vero ul-
　　timus
Prudens Epeus ſuum conſcendit opificium,
Poſtea autem votis factis caeſtae filiae Iovis,　　180
Feſtinabant ad navim equinam. Ipſis autem Minerva
Attulit deorum cibum, temperans eum *ambroſia,*
Vt epulum haberent, ne per totum diem inſidiantes,
　　　　　　　　　　　　　　　　　　　Exhau-

Ortigide, che quivi eſſendo morto,
Nel Caval lagrimando il ſeppelliro
Gli Achei; e Peneleo, e Megete,
E Antifate amadore di fortezza;
Iſidamante, Euridamante, prole
Di Pelia, e Anſidamante armato d'arco;
E l'ultimo di gaio illuſtre ſenno
Nella macchina ſua ſalinne Epeo.
Fatta poi la preghiera all'occhiazzurra
Vergin, di Giove figlia, s'affrettaro
Nella nave da carco cavallina.
A coſtoro Minerva con ambroſia
Miſchiando degli Dei recò il mangiare,
Perchè aveſſer da pranzo; affinchè tutto
Vn dì ſtando in aguato sì rinchiuſi,

Τειρόμενοι βαρυθεῖεν ἀτερπέϊ γούνατα (1) λιμῷ.
185 Ω῾ς δ᾽ ὁπότε κρυμοῖσιν (2) ἀελλοπόδων νεφελάων
Η῾έρα παχνώσασα χιὼν ἐπάλυνεν ἀρούρας,
Τηκομένη δ᾽ ἀνέηκε πολὺν ῥόον· οἱ δ᾽ ἀπὸ πέτρης
Ο᾽ξὺ καταθρώσκωσι (3) κυβιστητῆρι κυδοιμῷ,
Δοῦπον ὑποπτήξαντες ὀρειτρεφέος ποταμοῖο,
190 Θῆρες, ἐρωήσαντες ἱπο πτύχα κοιλάδος εὐνῆς,
Σιγῇ φρικαλέησιν ἐπὶ πλευρῇσι μένοντες, (4)
Τλήμονες ἐκδέχαται τότε παύεται ὄμβριμον ὕδωρ.
Ω῾ς εἴγε γλαφυροῖο διὰ ξυλόχοιο θορόντες
Α᾽τλήτως ἀνέχοντο πόνως ἀκμῆτες Α᾽χαιοί.
195 Τοῖσι δ᾽ ἐπεκλήϊσε θύρην ἐγκύμονος ἵππω
Πιςὸς ἀτεκμάρτοιο λόχου (5) πυλαωρὸς Ο᾽δυσσεύς.
Αὐτὸς δ᾽ ἐν κεφαλῇ σκοπὸς ἕζετο· τῷ δὲ οἱ ἄμφω (6)
Α᾽τρεῖδαι ἐκέλευσαν ὑποδρηςῆρας Α᾽χαιοὺς

Χῦ-

(1) Πιερόμενοι βαρύθειεν ἀ. γύνασι. B. (2) κρυμωῖσιν. A. (3) καταθρώσκωντα. A. καταθρώσκωντες. B. (4) μένωσι. B. & A. qui inter hunc, & sequentem versum, alium inserit, nimirum:
Πικρᾶ δὲ πνπάσσης οἰζυρᾶς ὑπ᾽ ἀνάγκης.
(5) δόλω. A. (6) Hunc locum ita exhibet A.
——— τῷ δὲ οἱ ἄμφω
Ο᾽φθαλμὸν πεθιωντες ἱλάιθασσιν ἐκτὸς ἰόντας.
Α᾽τρεῖδαι δ᾽ ἐκέλευσαν ὑποδρ..

Da disgustosa fame consumati
Le ginocchia a aggravar non si venissero.
Come quando da' freddi delle nubbi,
Che an di procella a guisa il piè veloce,
Densando l' aer, la neve i campi asperge,
Che strutta gran torrente giù tramanda;
E dal masso con torno strepitoso
Saltan rapidamente, paventando

Exhausti gravarent genua sua ingrata fame.
Quemadmodum autem, quando frigoribus velocium   185
   nebularum
Nix condensans aërem consperst terras,
Liquefacta autem demist magnum flumen : ipsae ve-
   ro de petra
Celeriter desiliunt praecipiti saltu,
Strepitum pertimescentes montani fluminis,
Ferae, & diffugientes sub declive cavae cavernae,   190
Tacite manentes iuxta latera horrenda montis,
Miserae exspectant quando desitura st pluvialis aqua :
Sic ipst quidem ruentes per concavum equum
Achivi indefest sustinebant infinitos labores.
His vero clausit ianuam praegnantis equi   195
Fidus Vlysses portitor occulti doli.
Ipse in capite speculator sedebat : ei autem ambo
Atridae praeceperunt, ut ministri Achaei

                                                      Cir-

Il suon del fiume di montagne allievo,
Gli animai, che riparansi di sotto
A una falda di concavo covile,
Stando in silenzio nelle coste orrende
Della piena il restar soffrendo attendono ;
Cos quei per lo cavo lavorato
Bosco saltando, gl' indefessi Achei
Sosteneano fatiche intollerabili.
Del gravido Caval lor chiuse l' uscio,
Dell'agnato invisibil portinaro
Fedele Vlisse; ei spia sedeva in testa.
Ed ambedue gli Atridi gli ordinaro,
Che i guastatori Achei muro di pietra

                C 3   Col-

Χῦσαι λάϊνον ἕρκος ἐϋγνάμπτοισι μακέλλαις,
200 Ἵππος ὅπερ κεκάλυπτο. θέλεν δέ ἑ γυμνὸν ἐᾶσαι,
Τηλεφανής ἵνα πᾶσιν ἑὴν χάριν ἀνδράσι πέμπη.
Καὶ τὸ μὲν ἐξελάχαινον ἐφημοσύνη βασιλῆος.
Ἠέλιος δ' ὅτε νύκτα παλίντκιον ἀνδράσιν ἕλκων,
Ἐς δύσιν ἀχλυόπεζαν ἑκηβόλον ἔτραπεν ἠῶ,
205 Δὴ τότε κηρύκων ἐπεκίδνατο λαὸν (1) ἀϋτὴ
Νῆας ἐϋκρεμεῖς, ἀνά τε πρυμνήσια λῦσαι.
Ἔνθα δὲ πευκήεντος ἀνεσχόμενοι πυρὸς ὁρμὴν,
Ἕρκεά τε πρήσαντες ἐϋσταθέων κλισιάων,
Νηυσὶν ἀναπλώεσκον ἀπὸ Ῥοιτιάδος ἀκτῆς, (2)
210 Γλαυκὸν ἀναπτύσσοντες ὕδωρ Ἀθαμαντίδος Ἕλλης.
Μοῦνος δὲ πληγῇσιν ἑκούσια γυῖα χαραχθεὶς
Αἰσιμίδης ἐλέλειπτο Σίνων, ἀπατήλιος ἥρως,
Κρυπτὸν ἐπὶ Τρώεσσι δόλον ᾧ πήματα κεύθων.

Ὣς

(1) λαὼν. B. Inter hunc & fequentem, alius inferitur verfus in A.
nimirum:
Φεύγια ἀγγιλέυσα, καὶ ἐλκέμεν εἰς ἅλα πολλὴν,
quae lectio non integans. (1) Heic quoque alius adiungitur verfus ab eodem Cod. A. locum, quo fe Graeci receperunt, indigitans,
nimirum:
Ὅρμον ἐς ἀντιπέραιον ἐϋσταθὲν Τυΐδειο.

Colle ben curve zappe vi piantaſſero,
Che 'l Cavallo ne fuſſe ricoperto.
E volea quello nudo ivi laſſare,
Acciocchè di lontan veduto a tutti
Gli uomini la fua grazia tramandaſſe.
E quel, del Rè per ordine, zapparo.
Or quando il fol traendo all'uom la notte,
Che coll'ombra ritorna, la raggiante
Aurora volfe al tenebrofo occafo,
Allor la voce degli araldi fperfefi

Pel

Circumfunderent lapideum vallum acutis ligonibus,
Equum quod quidem occultaret. Volebat autem nu- 200
*   dum relinquere equum,*
Conspicuus ut omnibus hominibus suum decus exhiberet.
Et illud quidem effoderunt mandato regis.
Quum vero sol hominibus adferens noctem umbrosam,
Convertisset auroram splendidam ad occasum tene-
*   brosum,*
Tunc sane disperfa est vox praeconum per populos, 205
Vt solverent naves veloces & rudentes.
Ibi vero sustollentes picei ignis impetum,
Et propugnacula incendentes firmorum castrorum,
Navibus renavigabant de Rhoeteo litore,
Caesiam secantes aquam Athamantidis Helles. 210
Solus vero sponte membra sauciatus plagis
Relictus fuerat Aefimides Sinon, fraudulentus heros,
Occultum contra Troianos dolum, & nocumenta abf-
*   condens:*

Quem-

Pel popol, fcioglier le ben prefte navi ;
E i canapi poppefi. Allor levando
L'empito in alto del peciofo faoco;
E delle falde tende le trincee
Incendiando, fi riviaggiavano
Colle lor navi dal Reziaco lito,
La glauca acqua d'Elle d'Atamante
Rifendendo. Ma folo a pofta concio
Le membra di ferite l'Efimide
Sinone era rimafo, eroe ingannevole;
Coperto dolo contro de' Troiani,
E danni nafcondendo. Come quando

C 4   La

Ὡ͡ς δ' ὁπότε ϛαλίκεσσι λίνον περικυκλώσαντες
215 Θηρϲὶν ὀρειπλανέεσσι λόχον περίοπτον (1) ἔπηξαν
Α͡τέρϲε ἀγρϲυτῆρϲε· ὁ δὲ κριδὸν οἷος ἀπ' ἄλλων
Λαθριδίως (2) πυκινοῖσιν ὑπὸ πτόρθοισι δέδηκεν (3)
Δίκτυα, παππαίνων ἄγρην (4) θηροσκόπος ἀνήρ·
Ὡ͡ς τότε λωβητοῖσι περίϲικτος μελέεσσι,
220 Τροίη λυγρὸν ὄλεθρον ἐμήδετο· καδδὶ οἱ ὤμους
. Ε͡λκϲσι ποιητοῖσιν ἐπέῤῥϲϲ ῥήχυτον αἷμα.
Η͡ϲ δὲ περὶ κλισίησιν ἐμαίνετο παννυχίη φλὸξ,
Καπνὸν ἐρευγομένη ἐριδινέα φοιτάδι ῥιπῇ.
Η͡ϲφαιϲϲε δ' ἐκέλευεν ἐρίβρομος· ἐκ δὲ θυέλλας
225 Παντοίας ἐτίνασσεν ἐπιπνείυσα ϰ̣ αὐτὴ (5)
Μήτηρ ἀθανάτοιο πυρὸς φαεσίμβροτος Η͡ρη.
Η͡δη δὲ Τρώεσσι ϰ̣ Ἰλιάδεσσι γυναιξὶ
Δήϊον ἀγγελίυσα φόβϲ (6) σημάντορι καπνῷ,
                                                      Ο͡ρ-

(1) πολυωπὸν. A. (2) λαθριδίος. A. (3) διδμὸς Δίκτυα παππαίων
ἰλαϲἰν θηρ.... A. (4) omittit ἄγϲν B. (5) ἐπίπνυἰ γϲ καὶ αὐτὴ.
B. Nos lectionem Codicis A fequuti fumus (6) ἀγγίλλϲσα φό-
βϲν. A. in quo verfus hic fequenti poftponitur.

La ragna colle ftagge intorno meſſa,
Agli animai, che ſcorrono pe' monti,
Vn circofpetto aguato ne ficcaro
Vomini cacciatori; ed uno ſcevro
Dagli altri, fol, nafcofamente fotto
La folta macchia rocquattato ftanne
Alle reti, oſſervandone la caccia,
Vn uomo ſpiatore d'animali.
Così allora marchiato nelle membra
Malconce, macchinava a Troia acerba
Ruina; e sì per gli omeri ſcorrea

                                                      D₂

Quemadmodum vero quando vallis rete circumdan-
    tes,
Feris montanis dolum circumspecte struxerunt   215
Viri venatores ; unus vero seorsim solus ab aliis
Occulte sub densis ramis latet ,
Vir scilicet venator retia spectans :
Sic tunc stigmatis notatus membris sauciis
Troiae triste exitium struebat Sinon : *per humeros au-* 220
    tem ipsi
De vulneribus factis defluebat non effusus cruor.
Ceterum flamma circa tentoria furebat per noctem
    totam ,
Fumum eructans valde vorticosum ingenti impetu.
Vulcanus enim id *iubebat gravisonus ; & procellas*
Varias excutiebat insufflans etiam ipsa   225
Iuno mater lucida immortalis ignis.
Iam vero Troianis & Iliadibus mulieribus
Hostile quid *annuntians* cum *timore, significatore*
    fumo ,
                      .   *Fama*

    Da fatte piaghe non verfato fangue.
    E intorno a' padiglioni infuriava
    Tutta notte la fiamma, di per tutto
    Ruttando nodi di ravvolto fumo.
    Vulcano altifremente comandava,
    E varie fconquaffava le procelle,
    E vi foffiava infin dell'immortale
    Fuoco madre Giunon, luce a' mortali.
    Alle Troiane omai, ed alle Iliadi
    Cofa oftile annunziando con terrore,
    Col fumo accennator, fotto il mattino
                          Buio

Ο"ρθρον ὑπὸ σκιόεντα πολύθροος ἤλυθε φήμη.
230 Αὐτίκα δ' ἐξέθορον πυλέων τετάσαντες ὀχῆας
Πεζοί θ' ἱππῆές τε, κὶ ἐς πεδίον προχέοντο,
Διζόμενοι μή πύ τις ἔην δόλος ἄλλοθ' (1) Ἀχαιῶν.
Οἱ δὲ βοὺς ὑρῆας ὑποζεύξαντες ἀπήναις,
Ἐκ πόλιος κατέβαινον ἅμα Πριάμῳ βασιλῆϊ
235 Ἄλλοι δημογέροντες · ἐλαφρότατοι δ' ἐγένοντο
Θαλπόμενοι περὶ παισὶν, ὅσυς λίπε Φοίνιος Ἄρης,
Ὁσσόμενοι κὶ γῆρας ἐλεύθερον. οὐ μὲν ἔμελλον
Γηθήσειν ἐπὶ ζηρόν · ἐπεὶ Διὸς ἤλυθε (2) βυλή.
Οἱ δ' ὅτε τεχνήεντος ἴδον δέμας αἰόλον ἵππυ,
240 Θαύμασαν ἀμφιχυθέντες, ἅτ' ἠχήεντες ἰδόντες
Αἰετὸν ἀλκήεντα περικράζυσι (3) κολοιοί.
Τοῖσιν δὲ τριχεῖα & ἄκριτος ἔμπεσε βυλή·
Οἱ μὲν γάρ, πολέμῳ βαρυτενθέϊ κεκμηῶτες,
Ἵππον ἀπεχθήραντες, ἐπεὶ τέλεν ἔργον Ἀχαιῶν,
Ἤθε-

(1) ἄλλης. Α. ἄλλης τ' Β. (2) ὕθλη. Δ. (3) περικλάζυσι. Αί

Buio ne venne ſtrepitoſa fama.
Toſto uſcir dalle porte ſpalancate
Fanti, e cavalli, e al pian ſi roveſciavano;
Tracciando, che non fuſſe in alcun luogo
Degli Achei qualche inganno. Or preſti muli
Mettendo ſotto a i carri, da cittade
Con Priamo Rege inſieme ne calavano
Gli altri del popol vecchi, e fur lieviſſimi;
Feſta facendo pe'figliuoli, quanti
Marte ſanguigno lor laſciati avea;
Franca mirando ancora lor vecchiezza.
Non eran per goder già molto tempo,
Che di Giove era giuntone il decreto.

Or

Fama venit multifona fub crepufculum umbrofum .
Mox vero exfiliebant pandentes feras portarum ,　230
Pedites & equites , & in campum effundebantur ,
Vefligantes , ne forte quis effet alicubi dolus Achivorum.
Veloces autem mulos iungentes curribus ,
Ex urbe defcendebant cum Priamo rege
Alii fenes in populo : expeditiffimi autem erant　235
Lactantes propter filios , quofcumque reliquiffet ipfis
　　fuperftites *Mars cruentus ,*
Videntes etiam feneEtutem fuam *liberam. Non uti-*
　que debebant
Gaudere ad longum tempus : quandoquidem Iovis
　decretum aderat .
Ipfi vero Troiani *poftquam vidiffent corpus piEtum*
　artificiofi equi ,
Admirati funt circumfufi : quemadmodum ftriduli 240
　videntes
Aquilam robuftam circumftrepunt graçuli .
Porro ipfis afperum & dubium incidit confilium :
Alii enim , defatigati bello luEtuofo ,
Equum exofi , quod effet opus Graecorum ,

　　　　　　　　　　　　　　　　　Vo-

Or quando vider del Cavallo ad arte
Fabbricato il dipinto e vario corpo ,
Meravigliaro , fparfigli d' intorno :
Qual graccbian gracci ftrepitofi attorno
A una vifta da loro aquila brava .
Cadde in lor mente un configlio afpro e dubbio ,
Che parte ftracchi della trifta guerra
Apportatrice di gravofi duoli ,
Odiando il Caval , qual opra Greca ,

　　　　　　　　　　　　　　　　　Vo-

245 Η"θελον ἢ δολιχῇσιν ἐπὶ κρημνοῖσιν ἀράξαι,
Η'ὲ ᾧ ἀμφιτόμοισι διαρῥῆξαι τελέκεσσιν.
Οἱ δὲ, νεοξέϛοιο τετοιϑότες ἔργμασι τέχνης,
Ἀϑανάτοις ἐκέλευον ἀρήϊον ἵππον ἀνάψαι,
Τ"ϛερον Ἀργείοισι (1) μόϑυ σημήϊον εἶναι.
250 Φραζομένοις δ' ἐπὶ τοῖσι παναίολα γῦα κομίζων
Γυμνὸς ὑπὲρ πεδίοιο φάνη κεκακωμένος ἀνήρ·
Αἵματι δὲ σμώδιγγες ἀεικία (2) βεβρίϑῦαι,
Γ'χρια λωβήεντα θοῶν ἀνέφαινον ἱμάντων.
Αὐτίκα δὲ Πριάμοιο ποδῶν προπάροιϑεν ἐλυσϑεὶς,
255 Ἱκεσίαις παλάμησι παλαιῶν (3) ἥψατο γύνων·
Λισσόμενος δὲ γέροντα, δολοπλόκον ἴσχετο (4) μῦθον·
Ἄνδρα μὲν Ἀργείοισιν ὁμόπλοον εἴ μ' ἐλεήσεις; (5)
Τρώων δὲ ῥυτῆρα (6) κ᾽ ἄϛεως εἴ με σαώσεις,
Δαρδανίδη σκηπτῦχε, κ᾽ ὕϛατον ἐχθρὸν Ἀχαιῶν;
Οἷά

(1) Ἀργείων. A. (2) ἀεικίΐ. A. (3) Vocem παλαιῶν ad explendam versus lacunam ex utroque Codice desumpsimus. (4) ἴαχι. A. Ἀχι. B. (5) ἐλικίριη. A. (6) ῥυτῆρα. A.

Voleanlo, o in lunghi precipizi frangere,
O fpezzar colle fcuri a doppio taglio.
E parte nel lavoro della macchina
Di frefco lavorata confidati.
Erano di penfier, che s'offeriffe
Il Marzial Cavallo agl'immortali;
Perchè agli Argivi in avvenire ci fuffe
Segnal di guerra. Or mentre ei fean confulta,
Portando vaie ftoriate membra,
Nudo ful campo apparve il mal concio uomo;
Ed i lividi carichi di fangue
Difconvenevolmente, de' veloci

Su-

Volebant aut in longis praecipitiis perdere, 245
Aut etiam aperire ancipitibus securibus.
Alii vero, confisi artificiis nuperfacti operis,
Hortabantur e.quum illum *Martium diis consecrare,*
In posterum ut esset Graecis signum belli.
Deliberantibus vero de his, deformata membra gerens 250
Per campum apparuit vir quispiam *nudus, misere-*
que adfectus:
Sanguine vero vibices indecenter refertae
Ostendebant vestigia dira vehementium flagellorum.
Mox autem ante pedes Priami volutus,
Supplicibus manibus attigit eius genua: 255
Precibus vero rogans senem, dolosum promebat ser-
monem:
   Mene, virum Graecis socium navigationis, mise-
   reberis?
Mene, Troianorum & urbis servatorem, servabis,
Dardanide imperator, & nunc tandem hostem
Achaeorum?
                              Sic

  Sagatti l' oltraggiofe orme fcoprieno,
  Tofto proftrato avanti a'piè di Priamo,
  Toccò i ginocchi colle palme umili,·
  E al vecchio accomandandofi, diè fuore
  Vn ragionar teffuto di menzogne:
Vom d' Argivi compagno in navigando,
  Domin, fe tu vorrai me compatire?
  De' Troiani, e Città liberatore,
  Domin, fe tu vorrai me confervare,
  Dardanide fcettrato, e che pur fono
  In quefto eftremo degli Achei nimico?
                             Così

260 Οἵξ με λωβήσαντο θεῶν ὅτιν ὐκ ἀλέγοντες,
Οὐδὲν ἀλιτραίνοντα, κακοὶ ἡ ἀπηνέες αἰεί.
Ὥς μὲν Ἀχιλλῆος γέρας ἥρπασαν Αἰακίδαο·
Ὥδε Φιλοκτήτην ἔλιπον πετεθημένον ὕδρω·
Ἔκτειναν δὲ ᾧ αὐτὸν ἀγασσάμενοι Παλαμήδην.

265 Καὶ νῦν οἷά μ' ἔρεξαν (1) ἀτάσθαλοι, οὕνεκα φεύγειν
Οὐκ ἔθελον σὺν τοῖσι, μένειν δ' ἐκέλευον ἑταίρυς;
Οἱ δὲ, νεῶν (2) πληγῇσιν ἀτασθαλίῃσι τυπέντες, (3)
Εἵματα μέν μ' ἀπέδυσαν, (4) ἀεικελίῃσι δ' ἱμάσθλοις
Πᾶν δέμας ὑτήσαντες, ἐπὶ ξείνῃ λίπον ἀκτῇ.

270 Ἀλλὰ, μάκαρ, πεφύλαξο Διὸς σέβας ἱκεσίαο·
Χάρμα γὰρ Ἀργείοισι γενήσομαι, εἴ κεν ἐάσῃς (5)
Χερσὶν ὑπὸ Τρώων ἱκέτην ἡ ξεῖνον ὀλέσθαι.
Αὐτὰρ ἐγὼ πάντεσσιν ὑπάρχιος ἔσσομαι ὑμῖν,
Μηκέτι δειμαίνειν πόλεμον παλίνορσον Ἀχαιῶν.
Ὥς

(1) ἴηρξαν. Α. ἴρξαν. Β. (2) νέω. Α. νῶν. Β. (3) δαμίττις. Α.
(4) Ita edidimus, uti habet optime Α. (5) ἰάσῃς. Β.

Così m' an concio, non curando i Dei,
Che niun male ò fatto, eſſi malvagi,
E diſpietati ſempre; così il premio
Dell' Eacide Achille ne rapiro;
E così Filottete abbandonaro,
Dal ſerpente legato; e invidiando
Vcciſero lo ſteſſo Palamede.
Ed ora a me quai coſe ſer gl'iniqui,
Perch' io con lor fuggir non volli, e a ſtare
I compagni eſortava? Or per triſtizie
Di giovani, battendone a flagello,
Calar le veſti, e con ſozze sferzate
Tutto il corpo ferendo, ne laſciaro

Su

Sic me laeferunt deorum metum non curantes , 260
Nihil peccantem , ipſi improbi , & immiſericordes
femper .
Sic Achillis Aeacidae honorarium munus rapue-
runt :
Sic Philocteten reliquerunt colubro impeditum :
Interfecerunt etiam invidi ipſum Palamedem .
Nunc & mihi qualia fecerunt iniqui , quia fugere 265
Non volebam cum ipſis , ſed manere iubebam ſo-
cios !
Qui adficientes me plagis improbitate iuvenum
Veſtes exuerunt , diris vero flagris
Totum corpus caedentes, in peregrino litore reli-
querunt .
Ceterum , o beate Priame *, obſerva Iovis ſupplicis* 270
reverentiam .
Gaudium enim Graecis fuero , ſi ſiveris
Supplicem & hoſpitem me perire ſub manibus Tro-
ianorum .
Verum ego omnibus vobis ſponfor ero ,
Vt non amplius metuatis bellum redintegratum Grae-
corum .

                                     Sic

Su peregrino lido . Ora , o beato,
Di Giove fopra i fupplicanti , guarda
L'onore ; che ludibrio io fia agli Argivi,
Se tu permetterai , che dalle mani
Troiane pera un foreftiero , un fupplice .
Ben io a tutti voi ficurtà fia,
Di non più paventar , che degli Achei
Vn'altra volta a voi rieda la guerra .

                                     Diſſe

275 Ὣς φάτο· τὸν δ' ὁ γέρων ἀγανῇ μειλίξατο φωνῇ·
Ξεῖνε, σὲ μὲν Τρώεσσι μεμιγμένον οὐκ ἔτ' ἔοικε
Τάρβος ἔχειν· ἔφυγες γὰρ ἀνάρσιον ὕβριν Ἀχαιῶν,
Αἰεὶ δ' ἡμέτερος φίλος ἔσσεαι· οὐδέ σε πάτρης,
Οὐδὲ πολυκτεάνων θαλάμων γλυκὺς ἵμερος αἱρεῖ.
280 Ἀλλ' ἄγε κὶ σύ μοι εἰπὲ, τί τοι τόδε θαῦμα τέτυκται,
Ἵππος, ἀμειλίκτοιο φόβου τέρας; εἰπὲ δὲ σεῖο
Οὔνομα κὶ γενεήν· ὁπόθεν δέ σε νῆες ἔνεικαν.
Τὴν δ' ἐπιθαρσήσας προσέφη πολυμήχανος ἥρως·
Ἐξερέω κὶ ταῦτα· σὺ γάρ μ' ἐθέλοντα κελεύεις.
285 Ἄργος μοι πόλις ἐστί, Σίνων δέ μοι οὔνομα κεῖται·
Αἴσιμον (1) καλέουσιν ἐμὸν πολιὸν γενετῆρα.
Ἵππον δ' Ἀργείοισι ταλαίφατον εὗρεν Ἐπειὸς,
Εἰ μὲν γάρ μιν (2) ἐᾶτε μένειν αὐτῇ ἐνὶ χώρῃ,
Τροίην θέσφατόν ἐστιν ἐλεῖν πόλιν ἧας (3) Ἀχαιῶν.
Εἰ

(1) Αἴσιμον αὖ καλέουσιν. A. (2) Deeſt μιν in B. (3) πόλιν
ἧγος. A.

Diſſe; e a lui il vecchio con benigna voce:
Foreſtier, co' Troiani a te miſchiato
Non ſi conface più l' aver paura,
Che degli Achei la villania ſcampaſti.
Amico noſtro tu farai per ſempre.
Nè te di patria, o pur di ricchi talami
Dolce desìo ne prenderà. Or dimmi
Ancor queſto: a che fin queſto prodigio
E' fatto, di crudel terror portento,
Il Cavallo? il tuo nome, e la tua ſtirpe
Ne dì; e donde te menar le navi.
Franco gli diſſe il ben aſtuto eroe:
Dirò ancor ciò: che a me, che 'l voglio, il chiedi.

Sic dixit, Eum vero fenex Priamus *confolatus eft* 275
voce blanda:
Hofpes, te quidem Troianis mixtum, non amplius
convenit
Metum habere: effugifti enim impiam iniuriam
Achaeorum.
Semper vero nofter amicus eris: neque te patriae,
Neque opulentarum aed:um dulce defiderium capiet,
Atqui age, & tu mihi dic, ad *quidnam hoc mon-* 280
ftrum: factum eft,
Equus, inquam, *horrendi timoris portentum? dic*
etiam tuum
Nomen, & genus; unde vero te naves tulerint.
Hunc vero confifus alloquutus eft valde verfutus he-
ros:
Eloquar etiam haec: tu enim me volentem id
iubes.
Argos mihi patria eft, Sinonque mihi nomen eft. 285
Aefimon autem *nominant meum fenem patrem.*
Equum autem ab oraculis *iam olim praedictum exco-*
gitavit Graecis Epeus:
Siquidem enim fiveritis manere eum heic in campo,
Troiam fatale eft capturos filios Graecorum.

Si

Argo è la mia città, Sinone il nome,
Il canuto mio padre Efimo chiamano.
Il Cavallo agli Argivi per antico
Predetto trovò Epeo: che fe voi quello
Permettete, che qul ftia in paefe,
Troia città è fatal, che gli Achei prendano.

D   Che

290 Εἰ δέ μιν ἀγνὸν ἄγαλμα λάβῃ νηοῖσιν Ἀθήνῃ,
Φεύξονται, προφυγόντες ἀνηνύτοις ἐπ' ἀέθλοις.
Ἀλλ' ἄγε δὴ σειρῇσι περίπλοκον ἀμφιβαλόντες
Ἕλκετ' ἐς ἀκρόπολιν μεγάλην χρυσήνιον ἵππον. (1)
Ὣς ἄρ' ἔφη. κ᾽ τὸν μὲν ἄναξ ἐκέλευσε λαβόντα
295 Ἔσσασθαι χλαῖνάν τε χιτῶνά τε. τοὶ δὲ, βοείας
Δησάμενοι, σειρῇσιν ἐϋπλέκτοισι κάλοισιν
Εἵλκον ἐπὶ πεδίοιο θεῶν ἐπιβήτορα κύκλων
Ἵππον, ἀριςήεσσι βεβυσμένον. (2) οἱ δὲ πάροιθεν
Αὐλοὶ κ᾽ φόρμιγγες ὁμὴν ἐλίγαινον ἀοιδήν.
300 Σχέτλιον ἀφραδέων μερόπων γένος, οἷσιν ὁμίχλη
Ἄσκοπος ἐσσομένων· κενεῷ δ' ὑπὸ χάρματι (3) πολλῷ,
Πολλάκις ἀγνώσσυσι περιπταίοντες ὀλέθρῳ.
Οἵη ἐ Τρώεσσι φθισίβροτος * ἄτη (4)

Ε'ς

(1) Sinonis oratio duobus adhuc verfibus longior eſt in Cod. A. ij
vero ſunt:
Ἄμμι δ' Ἀθναίη ἱρυσίπτολις ἀγεμσπόοι
Δαιδάλια σπιύέυσα λαβιῶ ἀνάθμρα καὶ αὐτί.
(2) Ita malui pro βιβασμένον duce A. (3) ὑπόχαρμα. B. (4) Locus
corruptus, ita reſtitui poſſet ex Cod. A.
Οἴη καὶ Τρώεσσι τότε φθισίμβροτος ἄτη
Ε'ς πόλιν αὐτοκέληθος ἱκάμωσιν· ἠδὶ τις ἀνδρῶν
Ἠδεεν οὕνεκα λάβρον ἐφίλωτο πύνδος ἄλεσω
Ἀθεα δὲ δροσόεντες ἀμησάμενοι ποταμοῖο
Εἴεφον αὐχμίας εἰφάντες σφετίρσιο φοῖας, κ. λ.
Eadem fermè lectio eſt Codicis B. qui pro ἄλεσον habet Ἀχαιῶν,
pro ποταμοῖο, Σιμόεντος, & pro εἰφάντες, πλαέμνος.

Che se lui, reverendo simolacro,
Riceverà ne' templi suoi Minerva,
Fuggiran ratti senza impresa fare:
Via colle funi ben gittate attorno,
D'aureo freno il Cayal traete in rocca.

Dif-

Si vero ipfum, venerandam ſtatuam, templis ſuis 290
   acceperit Minerva,
Fugient Graeci, *diffugientes infeſto certamine.*
Verum agite circumdantes catenis undique,
Trahite in arcem magnam equum, aureo freno con-
   ſpicuum.
Sic dixit; & hunc quidem rex cupientem iuſſit
Induere claenam & tunicam. Ipſi vero Troiani *lora* 295
Alligantes ſignis, catenis bene conglutinatis
Trahebant per campum adſcenſorem velocium rotarum
Equum, proceribus Graecorum *onuſtum. Ipſae ve-*
   ro ante equum
Tibiae & citharae aequabile modulabantur carmen.
Miſerum genus ſtultorum hominum, quibus caligo 300
Inconſiderata futurorum adeſt, quique *inter gau-*
   dia multum vana,
Saepe inſcientes exitium incurrunt.
Qualis etiam Troianis perniciofa noxa advenit

                                          In
Diſſe; e a lui il Rege comandò, prendeſſe
   Tunica, e clena, e sì ſi riveſtiſſe.
Ei, cuoj legando, con catene attorte
Traſſer pel campo ſulle preſte ruote
Il Cavallo montato, co' baroni.
Andante; e innanzi e flauti, e lire inſieme
Il ſuono meſcolavano ſoave.
Infelice la razza de' mortali
Diſconſigliati, a'quali è ſcura nebbia
Dell'avvenir; ſotto aſſai vana gioia,
Senza ſaperlo, in precipizio vanno
Ben ſpeſſo, come appunto anco a' Troiani
Venne ſciagura, guaſto de' mortali,

Nel-

Ε'ς πόλιν αὐτοκέλευθος. ἀμησάμενοι Σιμόεντος,
305 Ε"ςεφον αὐχενίους πλοκάμους σφετέροιο φονῆος.
Γαῖα δὲ χαλκείοισιν ἐρειδομένη περὶ κύκλοις
Δεινὸν ὑπερβρυχᾶτο· σιδήρειοι δὲ κ᾽ αὐτῶν
Τριβόμενοι τρυχεῖαν ἀνέςενον ἄξονες ἠχήν·
Τετρύγει δὲ κάλων ξυνοχὴ, ᾧ πᾶσα ταθεῖσα
310 Λιγνῦν αἰθαλόεσσαν ἕλιξ ἀνεκήκιε σειρή.
Πολλὴ δ' ἑλκόντων ἐνοπὴ ᾧ κόμπος ὀρώρει·
Ε"βρεμε νυμφαίῃσιν ἄμα δρυσὶ δάσκιος ἴδη,(1)
Γ"αχε κ᾽ Ξάνθου ποταμοῦ κυκλώμενον ὕδωρ,
Καὶ ςόμα κεκλήγει Σιμοείσιον· οὐρανίη δὲ
315 Ε'κ Διὸς ἑλκόμενον πόλεμον μαντεύετο σάλπιγξ.
Οἱ δ' ἦγον προπάροιθεν· ὁδὸς δ' ἐβαρύνετο μακρὴ,
Σχιζομένη ποταμοῖσι, κ᾽ οὐ πεδίοισιν ὁμοίη.
Εἵπετο δ' αἰόλος Ἵππος ἀρηϊφίλους ἐπὶ βωμὰς,
Κυδιόων ὑπέροπλα· βίῃ (2) δ' ἐπέρεισεν Ἀθήνη,
                                                    Χεῖ-

(1) ὕλη. A. ſuperſcripto tamen ἴδη. (2) βίφ. A.

Nella città, di ſuo proprio talento.
Cogiiendo lungo il Simoente fiori.
Facean del collo a' crini le corone
Dell' ucciſor lor proprio; e la terra
Dalle ruote di bronzo caricata
Terribilmente tramugghiava; ed aſpro
Fean cigolar le ferree ſale loro
Nel girar ſtropicciandoſi; ſtridea
La giuntura de' travi; e tutta ſteſa
La girevol catena, e ben tirata
Fuliginoſa polve ſollevava:
Molto turgea da chi traea ſracaſſo;
Colle querce Ninfali Ida fremea:

                                                    Del

In úrbem ſponte accerſita . Metentes autem Simoën-
   tis flores
Coronarunt collares capillos ſui occiſoris .   305
Porro terra aeneis preſſa rotis
Graviter mugiebat : ferrei vero ipſarum rotarum
Axes attriti aſpero gemebant ſonitu .
Gemebat etiam lignorum compages , ac tota extenſa
Et tracta catena , ſuſcitabat pulverem turbidum .   310
Magnus vero trabentium equum *clamor & ſtrepitus*
   excitabatur .
Strepebat umbroſa Idā cùm nymphalibus quercubus ;
Inſonuit etiam Xanthi fluminis aqua circumfuſa ,
Ipſúmque oſtium Simoiſium clangebat : ac caeleſtis
A Iove tuba praedicebat bellum accerſitum a Troianis.   315
Illi autem ducebant ante ſe equum : *via vero aſpe-*
   ra erat , longa ,
Diſſecta fluviis , neque etiam aequalis in *campo .*
Sequebatur vero variegatus equus ad aras Martias ,
Superbiens ſupra modum . Per vim etiam impulit Mi-
   nerva ,

                                             Mi-

Del Xanto ſtrepitava intorno l' acqua ;
E bocca Simoeſia rimbombava ,
E celeſte da Giove predicea
Tromba la guerra , che veniane tratta ;
Quegli avanti guidavan ; ma la ſtrada
Lunga era , e' forte , da fiumi diviſa ,
E non egual ne' piani . Seguitava
Il Caval vario a' Marziali altari ,
Sopra modo orgoglioſo , ed eſultante ;
E sì con forza lo ſpignea Minerva ;
                    D 3   Sot-

54 ΤΡΥΦΙΟΔΩΡΟΣ.

320 Χεῖρας ἐπιβρίσασα ἐυγλύφέων (1) ἐπὶ μηρῶν.
Ὣς δὲ θέων ἀκίχητος ἐπέδραμε θᾶσσον ὀϊστοῦ,
Τρῶας ἐϋσκάρθμοισιν ὁδοιπορίῃσι διώκων,
Εἰσόκε δὴ πυλέων ἐπεβήσατο Δαρδανιάων.
Αἱ δέ οἱ ἐρχομένῳ θυρέων πτύχες ἐξείνοντο.
325 Ἀλλ᾽ Ἥρη μὲν ἔδυσεν, ἐπίδρομον ὅρμον ὁδοῖο (2)
Πρόσθεν ἀναστέλλουσα·Ποσειδάων δ᾽ ἀπὸ πύργων
Σταθμὸν ἀνοιγομένων (3) πυλέων ἀνέκοπτε τριαίνῃ.
Τρωιάδες δὲ γυναῖκες ἀνὰ πτόλιν ἄλλοθεν ἄλλαι,
Νύμφαι τε, πρόγαμοί τε,κ᾽ ἴδμενες Εἰλειθύῃς,
330 Μολπῇ τ᾽ ὀρχηθμῷ τε περὶ βρέτας εἰλίσσοντο·
Ἄλλαι δὲ χνοέεσσαν (4) ἀμελγόμεναι χάριν ὄμβρου,
Ὁλκῷ θουρατέῳ ῥοδέας στρέσαντο τάτητας·
Αἱ δὲ θαλασσαίης ἐπιμάζια νήματα (5) μίτρης
Λυσάμεναι, κλωστοῖσι περίστεφον (6) ἄνθεσιν ἵστον.
335 Καί τις ἀπειρεσίοιο πίθου κρήδεμνον ἀνεῖσα,

Χρυ-

(1) πογλυφέων. Α. (2) ἴλυσεν ἐπὶ δρόμον αὖθις ἰδοῖο. Α. (3) ἀνοι-
γόμενον. Α. (4) χρόεσσαι. Α. (5) ἐπὶ μαζῖν εἵματα. Α. (6) κατ-
έπλικον. Α.

Sotto le mani alle ben scolte cosce
Mettendo; e così ei senza esser giunto,
Correndo se ne gia più d'una freccia,
I Troiani inseguendo a scarzi passi,
Finchè egli entiò per le Dardanie porte.
I canti delle porte erangli stretti.
Ma Giuno penetrò, pria rassettando
La via, che sù vi si potesse correre;
E Nettun dalle torri col tridente
Le porte aperte, ne spezzò il cancello.

E le

Manus supponens benefabricatis coftis. 320
Ita currens expeditus ruebat velocius iaculo,
Troianos expeditis greffibus subfequens,
Donec ingreffus eft portas Dardanias.
Ipfi vero anguli portarum venienti ipfi anguftiores
erant.
Verum Iuno acceffit, facilem acceffum viae 325
Prius praeparans: Neptunus vero de turribus
Tridente diffecuit limina apertarum portarum.
Troianae mulieres per urbem aliunde aliae,
Puellaeque, ac defponfatae, & expertae Lucinam,
Carmine & faltatione circa equum volvebantur. 330
Aliae decoram pluviae lanuginem mulgentes,
Equo ligneo fubftraverunt rofeos tapetes.
Aliae vero pectoralia ornamenta pretiofae zonae
Solventes, nexis floribus circum coronabant equum.
Et alia immenfi dolii operculum auferens, 335

Pro-

E le Troiane donne per cittade
Di quà di là, e fpofe, e maritate,
Che la man di Lucina avean provata,
Con canto, e falto intorno fi giravano
Al fimolacro; ed altre della pioggia
Mugnendo la lanugine leggiadra,
Rofati diftendevano tappeti
Del Cavallo di legno fulla pefta,
Della marina mitra altre fciogliendo
Le pettorali fafce, quel Cavallo
Con intrecciati fiori inghirlandavano.
Altra dal capo d'infinito coppo
Togliendo il vel, che lo chiudea coprendo,

Χρυσείῳ (1) πρ χέασα κρόκῳ κεκερασμένον οἶνον,
Γαῖαν ἀνεκνύζωσε (2) χυτὴν εὐώδεϊ πηλῷ.
Ἀνδρομέη δὲ βοῇ σινεμάλλετο θῆλυς ἰωή,
Καὶ παίδων ἀλαλητὸς ἐμίσγετο γήραος ἠχῇ.

340 Οἷαι δ' ἀφνειοῖο μετήλυδες Ὠκεανοῖο
Χείματος ἀμφίπολοι γεράνων εἶχες ἠεροφώνων,
Κύκλον ἐποχμεύουσιν ἀλήμονες (1) ὀρχηθμοῖο,
Γειοπόνοις ἀρότῃσιν ἀπεχθέα κεκληγῦαι·
Ὡς οἵγε κλαγγῇ τε πρὸ ἄστεος (4) ἠδὲ κυδοιμῷ

345 Ἤγον ἐς ἀκρόπολιν βεβαρημένον ἔνδοθεν ἵππον.
Κούρη δ' ἐκ θαλάμοιο (5) θεήλατος, ἐκέτι μίμνειν
Ἤθελεν ἐν θαλάμοισι· διαρρήξασα δ' ὀχῆας,
Ἔδραμεν ἠύτε πόρτις ἄησυρος. ἥν τε (6) τυπεῖσαν
Κέντρον ἀνεπτοίησε (7) βοσρόαζιταο μύωπος·

350 Ἤ δ' ὅτ' εἰς ἀγέλην πολιναίεται (8) . ὅτε βοτῆρι
Πείθεται, ὑδὲ νομοῖο λιλαίεται, ἀλλὰ βελέμνῳ
Ὀξεῖ

(1) Χρυσείᾳ. Ε. (2) ἀνεκύσσντι. Α. (3) ἐπολυιεύουσιν (ita enim
videtur) ἀλήμακς. Α. (4) δι' ἄστεκ Α. (5) Κύρη δι Πριάμοιό. Α.
(6) ἠύτε. L. (7) Hanc lectionem, uti vulgata meliorem, subſtitui,
ope CuL. A. (8) ποτινίρχιται. A.

Verſando vino in aureo croco infuſo,
Sparſe la terra d'odorato fango.
Col viril grido il femminil ſchiamazzo
Si confondea, e de' fanciulli il ſtrido
Meſcolavaſi al ſuon della vecchiezza.
Quai del ricco Oceano pellegrine,
Del verno ancelle, ſchiere di ſtridenti
Per aer grue, fan treſcando ruota,
Nè ſapendo di danza, pur la trinciano,
Agli arator, che terra ne travagliano

Cen-

Profundens vinum tempĭratum aureo croco,
Terram confperſit fuſilem odorato luto.
Porro virili voci commiſcebatur clamor muliebris,
Et puerorum ſtrepitus miſcebatur ſono ſeneĉlae.
Quales vero advenae divitis Oceani,   340
Iliernis miniſtrae, turmae gruum in aëre gruen-
    tium,
Circulum ineunt, ignarae choreae,
Clangentes exoſa aratoribus terram exercentibus:
Sic hi ante urbem clangore & tumultu
Duxerunt in arcem gravidum intus equum.   345
Virgo vero Caſſandra *e thalamo a Deo produĉla,*
    non amplius manere
Volebat intra thalamos: at effringens repagula,
Ferebatur quaſi bucula expedita, quam ſauciatam
Aculeus perculit boves vexantis tabani:
Ipſa vero bucula neque ad gregem accedit, neque 350
    paſtori
Obtemperat, neque pabulum deſiderat, ſed iaculo
                                            Acu-

Cenno portando d'odioſe ſtrida;
Così quei con ſtridio, e con tumulto
Avanti alla città, sì ne guidavano
Nella rocca il Caval dentro pregnante,
La donzella da Dio ſpinta dal talamo,
Non volle più ne'talami riſtare,
E ſpezzando i ferrami delle porte,
Qual ſcappata vitella, ella ne corſe,
Che appinzò l'ago di crudele aſſillo.
Quella nè turna in branco, nè al paſtore
Vbbidiſce, nè brama la paſtura,

                                            Ma

Ο'Ελι θηγομένη, βοέων ἐξήλυθε δεσμῶν.
Τοίη μαντιπόλοιο βολῆς ὑπὸ νύγματι κύρη
Πλαζομένη κραδίην, ἱερὴν ἀνεσείετο δάφνην·
355 Πάντη δὲ βρυχᾶτο κατὰ πτόλιν· ὑδὲ τοκήων,
Οὐδὲ φίλων ἀλέγιζε· λίπεν δέ ἑ παρθένον (1) αἰδώς.
Οὐχ ὕτω Θρήϊσσαν ἐνὶ δρυμοῖσι γυναῖκα
Νήδυμος αὐλὸς ἔτυψεν ὀρειμανέος Διονύσυ,
Η"τε θεῷ τυπεῖσα (2) παρήορον ὄμμα τιταίνει,
360 Γυμνὸν ἐπισείυσα κάρη πυκνάμπυκι κισσῷ·
Ω"ς ἥγε στερόεντος ἀναίξασα νόοιο
Κασσάνδρη νεόφοιτος (3) ἐμαίνετο· πυκνὰ δὲ χαίτην
Κοπτομένη κ̀ φέρνον, ἀνίαχε μαινάδι φωνῇ·
Ω" μέλεοι, τίνα τῦτον ἀνάρσιον ἵππον ἄγοντες
365 Δαιμόνιοι μαίνεσθε, κ̀ ὑστατίην ἐπὶ νύκτα
Σπεύδετε, κ̀ πολέμοιο τέλος (4), κ̀ νήγρετον ὕπνον;
Δυσ-

(1) παρθένος. Α. (2) πληγεῖσα. Α. (3) θεόφωτος. Α. (4) τία
ρας. Α.

Ma tocca da pungente acuto ſtralo
Se ne ſcappò dalle bovine mandre.
Tal da interna puntura d'indovino
Impeto la donzella in cuor ſmarrita,
Il ſacro alloro con furor ſcotea,
Per la città muggiva da per tutto,
Nè di padri caleale, nè d'amici:
Lei fanciulla vergogna avea laſſata.
Non coſì Tracia in le foreſte donna
Il ſuono punſe di ſoave flauto
Di Bacco, che vien matto alla montagna;
Che punta, l'occhio al Dio ſtende, e ſtraluna
Coll'edra negra il nudo capo ſcrolla.

Sì

Acuto fauciata , bovina tranfiit fepta .

Talis etiam *virgo* Caffandra *vatidici impetus fti-*
mulo

Errans corde , facram concutiebat laurum :

Vbique vero mugiebat per urbem ; neque parentes , 355

Neque amicos curabat : reliquit namque ipfam vir-
ginem pudor .

Non fic Threiffam mulierem in faltibus

Dulcis tibia in montibus furentis Bacchi excitavit .

Quae quidem a deo Baccho *excitata , vagabundum*
oculum intendit ,

Nudum quaffans caput nigra hedera . 360

Sic ipfa quidem errabunda mente exfiliens

Caffandra , recenter prodiens furebat . Frequenter au-
tem comam

Lanians , & peﬂus , exclamavit furiofa voce :

O miferi Troiani *, quemnam iftum deteftandum*
equum ducentes ,

Miferi furore agimini , & extremam ad noﬂem 365

Properatis , & belli finem , & inexcitabilem fomnum ?

Ho-

Sì ufcita fuor dall'impennata mente
Caffandra , or pur vagando era impazzita .
Foltamente ftracciandofi la chioma ,
E picchiandofi il petto , in urli dava
Con furiofa e con baccante voce :
O mefchini , qual mai tal fconcertato
Cavallo conducendo , fpiritati
Impazzate ! e ftudiate di venire
Ora all'ultima notte , e al fin di guerra ,
Ed a quel fonno , ond'uom mai non fi defta !

. *Que-*

Δυσμενέων ὅδε κῶμος ἀρήϊος· αἱ δέ που ἤδη
Τίκτουσιν μογερῆς Ἑκάβης ὠδῖνες ὀνείρων·
Λήγει δ' ἀμβολιεργὸν ἔτος, πολέμοιο λυθέντος.

370 Τοῖσιν (1) ἀριστήων λόχος ἔρχεται, ὃς ἐπὶ χάρμην
Τεύχεσιν ἀστράπτυσιν (2) ἀμαυροτάτην ἐπὶ νύκτα
Τέξεται ὄβριμος ἵππος· ἐπὶ χθόνα δ' ἄρτι θορόντες,
Ἐς μόθον ὁρμήσεσι τελειότατοι πολεμισταί·
Οὐ γὰρ ὑπ' ὠδίνεσσι μογοστόκον ἵππον ἀνεῖσαι

375 Ἀνδράσι τικτομένοισι νέφη σχήσουσι (3) γυναῖκες·
Αὕτη δ' Εἰλείθυια γενήσεται, ἥ μιν ἔτευξε.
Γαστέρα δὲ πλήθουσαν ἀνακλίνασ' ἀναβοήσει (4)
Μαῖα πολυκλαύτοιο τόκου πτολίπορθος Ἀθήνη·
Καὶ δὴ πορφύρεον μὲν ἑλίσσεται ἔνδοθι πύργων (5)

380 Αἵματος ἐκχύμενον πέλαγος, ᾧ κῦμα φόνοιο·
Δεσμά τε συμπαθέων πλέκεται περὶ χερσὶ γυναικῶν
Μυ-

(1) Τοῖος. Α. Τοῖς. Β. (2) ἀστράττοντας. Α. (3) τικτομένοισι
σιν ἐπισχήσουσι. Α. (4) ἀνακλίνασα βοήσει. Α. (5) παρμῶν. Β. Nos
lectionem Codicis A sequuti sumus, quam in sua versione exhibet Lectius.

Questo è un baccan guerriero di nimici,.
E maligna di lor trista cocchiata.
E della addolorata Ecuba omai
Degli sogni le doglie al parto vengono.
Sciolta la guerra, il dubbio anno finisce:
De' baroni l'aguato a lor ne viene,
Che alla pugna con armi, che balenano,
Sulla notte scurissima il Cavallo
Grave partorirà; e in terra orora
Balzati, furiosi, andranno a guerra
Forti, e consumatissimi guerrieri.

Che

Hostium hic tumultus bellicus est . Nunc scilicet
Somniorum miserae Hecubae parturiunt dolores :
Et desinit annus qui excidium distulit , bello soluto .
Troianis enim *adest principum* Graecorum *dolus ,* 370
quos ad bellum
Armis coruscantibus sub obscurissimam noctem
Pariet fortis equus . In terram vero modo profi-
lientes
Ad praelium festinabunt ipsi *consummatissimi bella-*
tores .
Non enim equum conflictantem cum partus dolori-
bus relevantes
Editis viris per *noctem iuvabunt mulieres :* 375
Sed ipsa Lucina fiet , quae ipsum equum *fabricavit .*
Ventrem vero praegnantem aperiens exclamabit
Obstetrix luctuosi partus , urbium vastatrix Minerva .
Atqui purpureum volvitur intra parietes Troiae
Sanguinis effusi pelagus , & fluctus caedis : 380
Vinculaque nectuntur circa manus miserarum mu-
lierum

In-

Che non doglie al Caval partoriente ,
Ch' uomini partorisce , alleviando
Gli assisteran raccoglitrici donne ;
Quella Lucina gli farà, che 'l feo .
· E 'l ventre pieno sclamerà schiudendo
Del molto flebil parto levatrice
Minerva di cittadi espugnatrice .
Ma dentro delle mura si rivolge
Di sangue sparso un mare , e di strage onda .
S' annodan mille lacci delle donne

In-

Μυρία· (1) φωλεύει δ' ὑπὸ δύρασι κευθόμενον πῦρ.
Ὤμοι ἐμῶν ἀχέων, ὤμοι πατρῴϊον ἄςυ· (2)
Αὐτίκα μοι (3) λεπτὴ κόνις ἔσσεται· οἴχεται ἔργον
385 Α'θανάτων, προθέλυμνα θεμείλια Λαομέδοντος.
Καί σε πάτερ κ̀ μῆτερ (4) ὀδύρομαι· οἷά μοι ἤδη
Α'μφότεροι πείσεσθε· σὺ μὲν, πάτερ, οἰκτρὰ δεδουπὼς,
Κείσεαι Ε'ρκείοιο Διὸς μεγάλῳ (5) παρὰ βωμῷ.
Μῆτερ ἀριςοτόκεια, σὺ δὲ βροτέης ἀπὸ μορφῆς
390 Λυσσαλέην ἐπὶ παισὶ θεοὶ κύνα ποιήσουσι.
Δῖα Πολυξείη, σὲ δὲ πατρίδος ἐγγύθι γαίης
Κεκλιμένην, ὀλίγον δακρύσομαι· ὡς ὄφελέν τις
Α'ργείων ἐπὶ σοῖσι γ'βοις ὀλέσαι με κ̀ αὐτήν.
Τίς γάρ μοι χρειὼ βιότυ πλέον, εἴ με φυλάσσει
395 Ο ἐτροτέρῳ θανάτῳ; ξείνη δέ με γαῖα καλύψει;
Ποῖα δέ μοι (6) δέςτοινα, ᾧ αὐτῷ δῶρα (7) ἄνακτι
Α'ντὶ τόσων καμάτων Α'γαμέμνονι δῶρον (8) ὑφαίνει;
                                        Α'λλ'

(1) Νυμφία. Α. (2) ὤμοι σὺ πάτριον ἄςυ. Α. (3) Deeſt μοι in
A. (4) Verba, καὶ μῆτερ, quæ deerant in Lectio, ſupped tat A.
In B. deſunt, nulla defectus nota appoſita. (5) μεγάλω. Α. (6) Τοι-
άδι μοι. A. (7) δῶρω. A. δώρυ. B. (8) πέτρω. Α.

Infeliçi alle mani; ed alle travi
Sotto naſcoſo è il fuoco, ed intanato.
Oh miei d.lori, oh mia città paterna!
Tofto a me fia minuta polve; l'opra
Vaſſen degl' immortali, e da radice
Di Laomedon ſe 'n vanno i fondamenti.
Te padre, e madre, io piango, quai ambedue
Coſe mai ſoffrirete! tu, o padre,
Cadendo miſerabile per terra,
Giacerai preſſo al grande altar di Giove

                                        Er-

Infinita: latet vero sub equo ignis occultatus.
Heu mei dolores, heu patria urbs!
Mox enim mihi exiguus cinis erit. periit Troia *opus*
Deorum, radicitus pereunt *fundamenta Laomedontis.* 385
Te etiam, pater, ac mater lugeo, qualia mihi mox
Ambo sustinebitis? Tu quidem, pater, misere cadens,
Iacebis apud magnam aram Hercei Iovis.
Te vero, o mater liberis praestans, de humana
    forma
Dii rabidam canem facient super liberos interem- 390
tos.
Divina Polyxena, *te quoque prope patriam terram*
Mactatam, paullum lugebo. Vtinam aliquis
Graecorum, post tuos luctus me etiam ipsam occideret.
Quis enim mihi usus vitae est huius, si me reservat
Miseriori morti? & hospita me teget terra? 395
Qualia vero dona mihi domina, & ipsi regi
Agamemnoni, pro tot laboribus mercedem texit?

                              Ce-

Erceo, o Murano; e tu madre ne parti
Feliciffima, te di mortal forma
Faran gl' Iddii rabbiofa can fu i figli.
Divina Poliffena, te vicino
Al patrio fuol diftefa, piagneronne
Alquanto. Oh pure alcuno degli Argivi
Dopo i tuoi pianti me ftruggeffe ancora,
Che a me qual più di vita fia meftiere,
Se me riferba a più tapina morte,
E coprirammi peregrina terra?
Quali a me la padrona, ed allo fteffo
Re Agamennon doni per tanti affanni

                              Ia

Ἀλλ' ἤδη φράζεσθε (1), τὰ δε γνώσεσθε παθόντες,
Καὶ νεφέλην . πόθεσθε, φίλοι . βλαψίφρονος ἄτης.

400 Ῥηγνύσθω πελέκεσσι δέμας πολυχανδέος ἵππου,
Ἢ πυρὶ καιέσθω· δολόεντα δὲ σώματα κεύθων
Ὀλλύσθω, μεγάλη δὲ πυρὴ (2) Δαναοῖσι γενέσθω·
Καὶ τοτε μοι δαίνυσθε, κ᾽ ἐς χορὸν ὀτρύνεσθε,
Στησάμενοι κρητῆρας ἐλευθερίης ἐρατεινῆς·

405 Ἣ μὲν ἔφη· τῇ δ᾽ οὔτις ἐπείθετο· τὴν γὰρ Ἀπόλλων
Ἀμφότερον, (3) μάντιν τ᾽ ἀγαθὴν κ᾽ ἄπιστον ἔθηκεν.
Τὴν δὲ πατὴρ ἐπένιστεν, (4) ὁμοκλήσας ἐπέεσσι·
Τίς σε πάλιν κακόμαντι (5) δυσώνυμος ἤγαγε δαίμων,
Θαρσαλέη κυνόμυα; μάτην δὲ χρῇς ἄτερ ἰσχεις. (6)

410 Οὕτω σοι κέκμηκε νόος λυσσώδεϊ νούσῳ,
Οὐδὲ ταλίμφημων ἐκορέσσατο λ-βροσυνάων;
Ἀλλὰ κ᾽ ἡμετέρῃσιν ἐπαχνυμένη θαλίῃσιν

Ἥ λυ-

(1) Huius, & fequentis verfus lect.onem ex Cod.ce A. totam defumpfi.ius. '2) παθὶ A. :3) Vox Ἀμφότιρν correcta est
in Ἀμφότιρν in Cod. A. (.)διένστν A (5) κακομαντι . B. & in-
fra θαρσαλίν. (6) μάτην ὑλάυσ' ἀτιρύκεις. A. & B in quo tamen
est ἀτιρύκης.

In dono teffe? Or a me omai penfate,
B tai conofcerete affari, tutti;
E del divin gaftigo, che vi toglie
Il fenno, giù ponete omai la nube.
Spezzifi colle fcure del Cavallo
Che molto cape, il corpo, o pur col fuoco
Si bruci, ed ei che afcofi ne ritiene
Corpi ingannofi, pera: ed un gran rogo
Facciafi a' Danai: e allor fate banchetto
In grazia mia, e v'ap.reftate al ballo,
D'amabil libertà crater piantando.

Dif-

Ceterum aliquando supite , haecque naścite mi-
  śeri ,
Et nebulam diścutite , amici , noxae inśpientis .
Rumpatur śecuribus corpus ampli equi ,   400
Aut igni comburatur : hoſtilia vero corpora occultans
Pereat , & magnus rogus fiat Graecis :
Et tunc mihi convivamini , & ad choream excitamini ,
Statuentes crateras libertatis amabilis .
  Ipśa quidem ſic loquuta eſt : ei vero nemo obtempe- 405
    rabat : ipśam namque Apollo
Simul & bonam vatem , & śuśpeĉtam reddidit .
Eam pater Priamus increpuit , minatus verbis :
  Quis te iterum infauſtam vatem improbus huc ad-
    duxit daemon ,
Audax , impudentiśsima ? fruſtra namque vaticinaris
    quaecumque dicis .
Nondum tibi defatigatus eſt animus infano morbo , 410
Neque śaturatus eſt turpibus furoribus ?
Ceterum etiam noſtris conviviis moleſta

Ad-

Diſſe ; ma a lei niun credè ; che Apollo
  L'uno , e l' altro la fece , ed indovina
  Buona , e indovina ancora non creduta ,
  Bravolla il padre con minacce e grida :
Qual te , triſta indovina , or riconduſſe
  Spirito ſciagurato , e ria ventura ,
  Moſca canina , audace ? indarno dici
  Ciò che tu tieni in corpo : non per anco
  La mente ai ſtracca del rabbioſo morbo ,
  Nè ſtucca de' furor , che rea dan fama ?
  Ma ſulle noſtre feſte addolorata

Ve-

Ἤλυθες, ὁππότε πᾶσιν ἐλεύθερον ἦμαρ ἀνῆψεν
Ἡμῖν Ζεὺς Κρονίδης, ἐκέδασσε δὲ νῆας Ἀχαιῶν;
415 Οὐδ' ἔτι δόρατα μακρὰ τινάσσεται · ὐδ' ἔτι τόξα
Ἕλκεται · ὐ ξιφέων πάταγος (1) · σιγῶσι δ' ὀϊςοί·
Ἀλλὰ χοροὶ, μοῦσαί τε μελίπνοοι, οἳ ἐπὶ νίκῃ.(2)
Οὐ μήτηρ ἐπὶ παιδὶ κινύρεται, ὐδ' ἐπὶ δῆριν
Ἄνδρα γυνὴ πέμψασα, νέκυν (3) δακρύσατο χήρη.
420 Ἵππον ἀνελκόμενον δέχεται πολιοῦχος Ἀθήνη.
Παρθένε τολμήεσσα, σὺ δὲ πρὸ δόμοιο θοροῦσα,
Ψεύδεα θεσπίζουσα κỳ ἄχρεα σεῖο πόληϊ, (4)
Μοχθίζεις ἀτέλεςα, κỳ ἱερὸν ἄςυ μιαίνεις.
Ἔρρ' ὕτως · ἡμῖν δὲ χοροὶ, θαλίαι, μολπαί τε. (5)
425 Οὐ γὰρ ἔτι Τροίης ὑπὸ τείχεσι δεῖμα λέλειπται,
Οὐδ' ἔτι μαντιπόλοιο τεῆς κεχρήμεθα φωνῆς.
Ω°ς

(1) σιλέι. A. (2) Ἀλλὰ χεροὶ, καὶ μῦσα μιλίπνοις· ὐδ' ἔτι νίι-
κη. A. quae ectio non displicet. (3) νόον B. Ego malui νίκυν,
ex Cod. A. quod huic loco opportunius videtur. (4) καὶ ἄγρια μαρ-
γαίνουσα. A. lectio a vulgata valde distans. (5) θαλίαι τι μίλον-
ται. A.

Venisti, quando a tutti noi giornata
Franca Giove Saturnio ne diede,
E diffipò le navi degli Achei?
L'afte lunghe oramai più non fi vibrano,
Ed oramai più non fi tendon gli archi:
Di fpade non rumore, e taccion frecce;
Ma danze, e Mufe, che armonia ne fpirano
Dolce, com' effer fuol nella vittoria.
La madre non fi lagna fopra 'l figlio,
Nè quella donna, che mandonne il giovane
Marito alla battaglia, or piagne vedova.
Della città cuftode ora Minerva

Il

Advenifti , quando onnibus liberum diem exhibuit
Nobis Iuppiter Saturnides , & diffipavit naves Grae-
corum ?

Neque amplius longae haftae vibrantur , neque ar- 415
    cus
Intenduntur , nec armorum ftrepitus adeft *: filent*
    etiam fagittae :
Verum choreae , & carmina mellifona , ut in victo-
    ria adfunt.
Non mater fuper filium luget , neque ad pugnam
Mulier virum quae mifit , mortuum plorat vidua .
Minerva vero *tutelaris fufcipit equum adductum .* 420
Virgo audax , tu vero ex aedibus proruens ,
Mendacia vaticinata , & inutilia patriae tuae ,
Laboras fruftra , & facram urbem contaminas .
Male pereas . Nobis vero choreae , convivia & car-
    mina curae fint.
Non enim amplius Troiae fub maenibus metus reli- 425
    ctus eft ,
Neque amplius indigemus vatidica tua voce ,

Il Cavallo condotto ne riceve.
Fanciulla ardita, tu balzando fuore
Di cafa, falfi oracoli fpargendo,
E infruttuofi alla cittade tua,
Duri pena, che a nullo fin riefce,
E la facra città polluta fai.
Va via; noi ftiamo in danze, e menfe, e canti;
Che non più fotto le mura di Troia
E' rimafa paura; e non bifogno
Abbiam più noi di tua indovina voce.

Ὣς εἰπὼν ἐκέλευσεν ἄγειν ἑτερόφρονα κούρην
Κευθμὸν ἔσω θαλάμοιο. (1) μόλις δ᾽ ἀέκυσα τοκῆι
Πείθετο· παρθενίῳ δὲ περὶ κλιντῆρι πεσοῦσα
430 Κλαῖεν, ἐπισαμένη τὸν ἑὸν μόρον: ἔβλετε δ᾽ ἤδη
Πατρίδος αἰθομένης ἐπὶ τείχεσι μαρνάμενον πῦρ.
Οἱ δὲ πολισσούχοιο θεῆς ὑπὸ νηὸν Ἀθήνης
Γῦππον ἀναςήσαντες ἰϋξέςων ἐπὶ βάθρων,
Εὔφλεγον ἱερὰ καλὰ πολυκνίσσων ἐπὶ βωμῶν.
435 Ἀθάνατοι δ᾽ ἀνένευον ἀνηνύτυς (2) ἑκατόμβας.
Εἰλαπίνη δ᾽ ἐπιδήμιος ἦν, (3) κ᾽ ἀμήχανος ὕβρις,
Ὕβρις ἐλαφρίζυσα μέθην λυσήνορος οἴνυ.
Ἀφραδίῃ τε βέβυςο μεθημοσύνῃ τε ᾧ μήνῃ * (4)
Πᾶσα πόλις· πυλέων δ᾽ ὀλίγοις φυλάκεσσι μεμήλει,
440 Ἤδη κ᾽ γὰρ φέγγος ἐδύετο· δαιμονίῃ δὲ
Ἴλιον αἰπεινὴν ὀλεσίπτολις ἀμφεβάλεν νύξ.
Ἀργείη δ᾽ Ἑλένη πολιὸν δέμας ἀσκήσασα

Ἠλ-

(1) Κεύθων ἰν θαλάμοισι. A. (2) ἀπύςυς. A. (3) ἰπίδμιος
ἔω. A. (4) Versus hic in fine vitiatus, lectione Codicis A. faltem
quoad metrum ita emendatur, μεθημοσύνῃ τε μιχήνῃ.

Sì detto avendo, comandò, che fuſſe
  La pulcella di mente iſvariata
  Condotta dentro al cupo gabinetto.
  E appena ſuo malgrado ubbidì al padre,
  E ſul virginal letto traboccata
  Piagnea, ſapendo la ſua morte; e omai
  Mirava della patria ardente ſovra
  Le mura il fiero combattente fuoco.
  Quei ſotto al tempio della Dea Minerva
  Della città cuſtode, ſu ben liſci
  Gradi il Cayal ſuſo rizzando, belle

Vit-

Sic loquutus, iuffit abducere defipientem virginem
Intra penetralia thalami. Vix vero & invita patri
Obtemperabat. Virgineum autem in lectum procidens
Plorabat, cognofcens fuum fatum. Videbat enim *iam* 430
Patriae ardentis in maenibus graffantem ignem.
Ipfi vero fub templum deae Minervae urbis praefidis
Equum conftituentes in bene politis gradibus,
Comburebant laetas hoftias in odoratis aris.
Immortales vero refpuebant ingratas hecatombas. 435
Porro convivium erat populare, & immenfa petulantia,
Petulantia provocans ebrietatem ex *vino molles fa-*
ciente :
Stultitia vero ebrietate & tumultu fepulta fuerat
Tota civitas : portarum vero paucis cuftodibus cura
fuerat.
Et iam lumen folis *occidebat : alma vero nox* 440
Vrbi exitium adferens circumdedit Ilium excelfum.
Argivae autem Helenae, canum corpus fibi adaptans
Ap-

Vittime àrdean negli odoràti altàri:
E gl' lmmortai di nò facevan cennò
All' ecatombe mal per lòr compiute.
Era corte bandita, ed infolenza
Infinita , infolenza, che del vinò
D' uomini fcioglitor l' ebbrezza alleggià.
Abiffata era in ozio, ed in follia
La città tutta, e delle porte a poche
Guardie calea. Omai ne tramontava
La luce; e l' alta Ilio già circondava,
Di città ftruggitrice l' alma notte .
Quando ad Elena Argiva, lavorataſi
Canuto corpo, venne con ingenno
E 3   —   La

Ἦλθε δολοφρονέεσα πολυφράδμων Ἀφροδίτη,
Ἐκ δὲ καλεσσαμένη προσέφη τειθήμονι φωνῇ·

445   Νύμφα φίλη, καλέει σε πόσις Μενέλαος ἀγήνωρ,
Ἵππῳ δυρατέῳ κεκαλυμμένος· ἀμφὶ δ' Ἀχαιῶν
Ἡγεμόνες λοχόωσι τεῶν μνηστῆρες ἀέθλων.
Ἀλλ' ἴθι, μηδέ τί τοι μελέτω Πριάμοιο γέροντες,
Μήτ' ἄλλων Τρώων, μήτ' αὐτῦ Δηϊφόβοιο.

450   Ἤδη γὰρ δώσω σε (1) πολυτλήτῳ Μενελάῳ.
   Ὣς φαμένη θεὸς αὗτις ἀπέδραμεν. (2) ἡ δὲ δόλοισι
Θελγομένη κραδίην, θάλαμον λίπε κηώεντα·
Καί οἱ Δηΐφοβος πόσις εἵπετο· τὴν δὲ κιοῦσαν
Τρῳάδες ἐλκεχίτωνες ἐθηήσαντο γυναῖκες.

455   Ἣ δ' ὁπόθ' ὑψιμέλαθρον ἐς ἱερὸν ἦλθεν Ἀθήνης,
Ἔςη παπταίνουσα φυὴν εὐήνορος ἵππου.
Τρὶς δὲ περιςείχουσα, (3) κ̀ Ἀργείους ἐρέουσα,

(1) γάρ σι δίδωμι. A.   (2) αὖθις ἀπέδραμεν. A.   (3) παρατεί-
χυσα..., ἐρέθυσα. A.

Πά-

La molto aſtuta, e macchinante Venere.
E chiamatala fuor, così le diſſe
Con attrattiva, e con leggiadra voce :
Ninfa cara, ti chiama il buon conforte
Menelao, nel Caval di legno aſcoſo;
Che dentro i comandanti degli Achei
Stanno in aguato, tuoi competitori
In battaglia. Or tu và, nè ti fia a cuore
Il vecchio Priamo, o pure altri Troiani,
Nè lo ſteſſo Deifobo; che omai
Al travagliante Menelao darotti.
Così detto, la Dea toſto ſpario.
Quella addolcita in cuore per gl'inganni,

Ab-

Apparuit Venus valde prudens & *dolosa*,
Et evocans voce blanda compellavit:
  Nympha dilecta, *vocat te maritus* tuus *Menelaus* 445
    robore praestans,
Equo in *ligneo abfconditus: in* ipfo namque *Grae-*
    corum
Duces, tuorum certaminum proci , infidiofe latent .
Ceterum abi , neque cura tibi fit fenis Priami ,
Neque aliorum Troianorum , neque etiam ipfius Dei-
    phobi .
Iam enim te reddam laboriofo Menelao .   450
  Sic loquuta Dea Venus, *iterum receffit .Ipfa au-*
    tem Helena *dolis* iftis
Oblectata corde , thalamum reliquit odoratum :
Eamque Deiphobus maritus fequebatur . Ipfam vero
    euntem
Mulieres Troianae longis veftibus indutae funt ad-
    miratae .
Porro ipfa quando fublime ad templum venit Minervae, 455
Stetit contemplata opificium praeftantis equi .
Ter vero circumiens , & Graecos compellans ,
                                    Omnes

  Abbandononne il profumato talamo,
  E lei feguia Deifobo marito.
  E quella andante le Troiane donne,
  Che ftrafcican le tuniche ammiravano.
  Andonne allora al tempio di Minerva
  D'atrio fublime ornato, e circondato.
  Stette guftando del viril Cavallo
  L'indole, e la ftatura; e tre fiate
  Girando attorno, e i Greci addimandando,

Πάσας ἠϋκόμους ἀλόχους ὀνόμαζεν Ἀχαιῶν
Φωνῇ λεπταλέῃ. τοὶ δ' ἔνδοθι θυμὸν ἄμυσσον,
460 Ἀλγεινῇ (1) κατέχοντες ἐελγμένα δάκρυα σιγῇ.
Ἔστενε μὲν (2) Μενέλαος ἐπεὶ κλύε Τυνδαρεώνης.
Κλαῖε δὲ Τυδείδης μεμνημένος Αἰγιαλείης.
Οὖνομα δ' ἐπτοίησεν Ὀδυσσέα Πηνελοπείης.
Ἀντικλος δ' ὅτε κέντρον ἐδέξατο Λαοδαμείης,
465 Μοῦνος ἀμοιβαίην ἀνεβάλλετο γῆρυν ἀνοίξας.
Ἀλλ' Ὀδυσεὺς κατέναυτο, (3) ᾧ ἀμφοτέρῃς παλάμῃσιν
Ἀμφιπεσὼν ἐπίεζεν, ἐπειργόμενος (4) στόμα λῦσαι·
Μύσακα (5) δ' ἀρρήκτοισιν ἀλυκτοπέδῃσι μεμαρπὼς
Εἶχεν ἐπικρατέως· ὁ δ' ἐπάλλετο χερσὶ πιεσθείς,
470 Φεύγων ἀνδροφόνοιο πελώρια δεσμὰ σιωπῆς.
Καὶ τὸν μὲν λίπεν ἄσθμα φερέσβιον. οἱ δέ μιν ἄλλοι
Δάκρυσι λαθριδίοισιν ἐπικλαύσαντες Ἀχαιοί,

Κοῖ-

---

(1) Ἀλγεινῇ. A. (2) Ita optime A. Lectii Εἰτίμωναι non placet, sicuti neque ἐπώει verf. 463. pro quo subftituit A Ιπτάωσι, verfus neque ac fenfus ὀρθότητι aptiffimum. (3) κατέσαλτο. A. B. (4) ἐπίεζω ἐπωγόμενον. A. ἐπωγόμενος. B. (5) Μάσακα. A. B.

Tutte le mogli dalle belle chiome
Degli Achei nominò con fottil voce.
E quegli dentro eran trafitti al cuore,
In un trifto filenzio dolorofo
Rattenendo le lagrime racchiufe.
Menelao quando udì parlar Tindaride,
E Tidide piagneva rammentandofi
D' Egialea, e piagner fece Vliffe
Di Penelope il nome; e Anticlo, quando
L' affillo ricevè di Laodamia,
Sol cominciò a far rifpofta, aprendo;

Ma

Onmes formosas uxores Graecorum nominabat
Voce submissa. Ipsi vero intus animo adfligeban-
tur,
Continentes tristi silentio dolentes lacrimas. 460
Ingemuit Menelaus, ut audivit Helenam.
Flebat etiam Tydides, recordatus Aegialeae.
Nomen vero Penelopes perculit Vlyssem.
Anticlus autem quando accepit stimulum àmoris
Laodamiae,
Solus parabat reddere vocem responsoriam, ape- 465
riens os :
Sed Vlysses compescuit ipsum, *& ambabus manibus*
Irruens comprimebat, impediens oris solutionem.
Labrum autem firmis vinculis comprehendens,
Tenebat fortiter. Ipse vero Anticlus *insurgebat*
manibus pressus
Effugiturus immania vincula letalis silentii. 470
Et ipsum quidem reliquit spiritus vitalis. Alii ve-
ro ipsum
Lacrimis tacitis flentes Graeci,

Sea

Ma Vliffe il raffrenò, ed abbracciatolo
Con ambedue le palme lo pigiava,
Facendo ch' egli non apriffe bocca,
E un muftacchio chiappato con tenaglie
Infrangibili, forte ne 'l tenea.
E quei pigiato dalle man faltava,
Del filenzio omicida i gravi ceppi
Foggendo, e 'l vital fiato abbandonollo;
E con furtive lagrime piagnendolo
Gli altri Achei, nafcondendolo lo pofero

Nel

Κοῖλον ὑποκρύψαντες ἐς ἰσχίον ἔνθεσαν ἵππου,
Καὶ χλαῖναν μελέεσσιν ἐπὶ ψυχροῖσι.Ϲαλόντες.

475 Καὶ νύ κεν ἄλλον ἔθελγε γυνὴ δολόμητις Ἀχαιῶν,
Εἰ μή οἱ βλοσυρῶπις ἀπ' αἰθέρος ἀντήσασα
Παλλὰς ἐπητείλησε, φίλῳ δ' ἐξήγαγε νηῦ,
Μύνη φαινομένη· ϲερὴν δ' ἀπετέμψατο φωνήν· (1)
Δειλαίη, τέο μέχρις ἀλιτροσύναι σε φέρουσι,

480 Καὶ πόθος ἀλλοτρίων λεχέων, ᾧ Κύπριδος ἄτη;
Οὕτω δ' οἰκτείρεις πρότερον πόσιν, ὐδὲ θύγατρα
Ἑρμιόνην ποθέεις; ἔτι δὲ Τρώεσσιν ἀρήγεις;
Χάζεο, ᾗ θαλάμων ὑπερώϊον εἰσαναβᾶσα,
Σὺν πυρὶ μειλιχίῳ ποτιδέχνυτο νῆας Ἀχαιῶν.

485 Ὣς φαμένη, κενεὴν ἀπάτην ἐκέδασσε γυναικός.(2)
Καὶ τὴν μὲν θάλαμόνδε τόδες φέρον· οἱ δὲ χοροῖο
Παυσάμενοι, καμάτοις βεβαρηότες,(3) ἤριτον ὕπνῳ.

Καὶ

(1) ϲιρὴ δ' ἀπιπίμψατο φωῆ. Α. (2) ἰκίδασεν Ἀχαιῶν. Α. γυναικῶν. Β. (3) καμάτῳ ἰδαϊκότης. Α.

Nella concava cofcia del Cavallo,
E gettandogli fulle fredde membra
Vna vellofa vefta. E certo avria
La dolofa anco un altro degli Achei
Intenerito; fe dall'etra incontro
Venuta Palla di feroce afpetto
Non l'avefle bravata, ed a lei fola
Apparfa, non l'avefse dal diletto
Tempio cavata. Or duramente diffe:
Mefchina! fino a quando le follie
Trafportanti, e 'l defio degli altrui letti,
E di Ciprigna la fciagura innata?
Pietà non vienti ancor del primo fpofo?

Nè

Sepelientes impofuerunt in cavam coxendicem equi,
Et veftem iniicientes frigidis membris .
Enimvero etiam alium Graecorum moviſſet dolofa 475
   mulier,
Niſi ipſi borrendo adfpeƐu de caelo occurrens
Pallas , comminata fuiſſet , & dileƐo de templo
   eduxiſſet ,
Soli adparens ; duram vero emiſit vocem :
   Improba , quouſque tuae te libidines agunt ,
Et deſiderium alienorum leƐorum , & Veneris noxa? 480
Nondum vero miferaris priorem maritum Menelaum,
   neque filiam
Ilermionem deſideras? adhuc ne Troianis opitularis?
Abi , & thalamorum tabulatum ingreſſa ,
Cum igne amico excipe naves Graecorum .
   Sic loquuta , vanam deceptionem mulieris removit , 485
Et eam quidem ad thalamum pedes ferebant . Ipſi
   autem Troiani *a chorea*
Deſinentes , laboribus defatigati , inciderunt in
   fomnum .

                Ci-

Nè vienti della figlia Ermione brama ?
Ed i Troiani ne foccorri ancora?
Ritirati, e falendo nelle prime
Stanze di fopra, quivi col foave
Fuoco attendi le navi degli Achei.
Sì dicendo, difperfe della donna
  La vana frode, e quella sù nel talamo
Portar le gambe. E quegli di ballare
Reftando, ed aggravati di fatiche,
Cadder nel fonno; e già era reftata

                      La

Καὶ δή του φόρμιγξ ἀνεπαύσατο, κεῖτο δὲ κάμνῶν
Ἄλλος (1) ἐπὶ κρητῆρι. κύπελλα δὲ πολλὰ χυθέντα
490 Αὐτομάτως ῥέεσκε καθελκομένων ἀπὸ χειρῶν.
Ἡσυχίη δὲ πόλιν (2) κατεβόσκετο νυκτὸς ἑταίρη·
Οὐδ' ὑλακὴ σκυλάκων ἠκούετο· πᾶσα δὲ σιγῇ (3)
Εἰςήκει καλέουσα φόνων πνείουσαν αὐτήν.
Ἤδη δὲ Τρώεσσιν ὀλέθριον ἧκε (4) τάλαντον
495 Ζεὺς ταμίης πολέμοιο, μόγις δ' ἐλελίξεν Ἀχαιούς·
Χάζετο δ' Ἰλιόθεν Λυκίης ἐπὶ πίονα νηὸν
Ἀχνύμενος μεγάλοις ἐπὶ τείχεσι Φοῖβος Ἀπόλλων·
Αὐτίκα δ' Ἀργείοισιν Ἀχιλλῆος παρὰ τύμβον
Ἀγγελίην ἀνέφαινε Σίνων εὐφεγγέϊ δαλῷ.
500 Παννυχίη δ' ἑτάροισιν ὑπὲρ θαλάμοιο κ' αὐτὴ
Εὐειδὴς Ἑλένη χρυσέην ἐπεδείκνυτο πεύκην·
Ὡς δ' ὁπότε πλήθουσα πυρὸς γλαυκοῖο σελήνη
Οὐρανὸν αἰγλήεντα κατεχρύσωσε προσώπῳ·

Οὐχ

(1) Αὐλὸς. A. non abſurde quidem. (2) πόλιν pro πάλιν ſuf-
ficimus ex eodem Cod. A. (3) σιγῇ... φόνω. A. (4) ὑλκεῖ. A.
ἦλθε. B.

La lira, ed altri ſtanco ſi giacea
Sopra 'l boccale; e più bicchier meſciuti
Di chi neli traeva, dalle mani
Sdrucciolavano; e allora là quiete
Della notte compagna ne paſcea;
Nè abbaiare s'udiva di cagnuoli;
E tutta ſe ne ſtava con ſilenzio
L'urla, che ſtrage ſpirano, chiamando:
La bilancia mortal mandato giuſo
A' Troiani oramai aveva Giove
Diſpenſiero di guerra; e appena i Greci

Cithara etiam requieverat : iacebat vero feſſus
Alius apud crateram : multa vero pocula infuſa
Sponte defluebant de manibus trahentium.   49●
Quies vero noctis comes occupabat urbem ;
Neque latratus catulorum audiebatur ; omnis vero
    tacite
Steterat Troia *advocans ſpirantem clamorem cae-*
    dium.
Iam vero Troianis exitialem lancem demiſerat   495
Iuppiter belli arbiter : vix vero vertit Graecos.
Diſceſſit autem ab Ilio ad illuſtre templum Lyciae
Phoebus Apollo , triſtatus propter ampla moenia Tro-
    ianorum.
Mox vero apud tumulum Achillis , Graecis
Signum oſtendit Sinon lucente face.
Per totam vero noctem ſociis e thalamo ipſa etiam 50●
Formoſa Helena lucidam oſtendebat facem.
Quemadmodum autem quando luna plena lumine
    caeruleo
Caelum ſplendidum illuſtravit facie ſua ,

                          Non

Fè rivoltare. Or egli fi ritraſſe
D' Ilio al graſſo della Licia tempio
Triſto per l' ampie mura Apollo Febo.
Toſto agli Argei, d' Achille appo la tomba
Sinon fè 'l cenno con lucente torcia.
Tutta notte a' compagni ſopra 'l talamo
La ſteſſa ancora Elena bella l' aurea
Face moſtrava; come quando Luna
Di glauco fuoco piena il ciel lucente
Colla faccia n' indora, e non quando ella

                             Coq

78　ΤΡΥΦΙΟΔΩΡΟΣ.

Οὐχ ὅθ' ὑπὸ γλωχῖνας ἀποξύνασα κεραίης
505 Πρωτοφαὴς ὑπὸ μηνὸς ἀνίσταται ἄσκιον ἀχλύν,
Ἀλλ' ὅτε κυκλώσασα περίτροχον (1) ὄμματος αὐγὴν,
Ἀντιτύπους ἀκτῖνας ἐφέλκεται ἠελίοιο·
Τοίη μαρμαίρουσα Θεραπναίη τότε νύμφη
Οἴνοπα πῆχυν ἀνεῖλκε φίλου (2) πυρὸς ἡνιοχῆα.
510 Οἱ δὲ σέλας πυρσοῖο μετήορον ἀθρήσαντες,
Νῆας ἀνεκρύσαντο παλιγνάμπτοισι (3) κελεύθοις
Ἀργεῖοι σπεύδοντες. ἄτας δ' ἠπείγετο ναύτης,
Δειλαίη (4) πολέμοιο τέλος διζήμενος εὑρεῖν.
Οἱ δ' αὐτοὶ πλωτῆρες ἔσαν κρατεροί τε μαχηταὶ,
515 Ἀλλήλοις τ' ἐκέλευον· (5) ἐλαυνόμεναι δ' ἄρα νῆες
Ὠκύποροι κραιπνῶν ἀνέμων ταχυπειθεϊ ῥιπῇ
Ἴλιον εἰς ἀνέποντο (6) Ποσειδάωνος ἀρωγῇ.
Ἔνθα δὲ δὴ ναῦται (7) πρότερον κίον· οἱ δ' ἐλέλειφθεν
　　　　　　　　　　　　　　　　　　ΐτ.

(1) Ita Codices A. & B. pro ἐπίτρεχω, quod eſt in Lectil
editione. (2) φίλον. B. (3) πολυγνάμπτοισι. A. (4) Δειλαίη.
A. (5) ἐκέλευον ἐλαυνέμεναι. al δ' ἄρα ῆκι Ὠκύτεραι κραστῶν, κ,
λ. A. quae lectio non diſplicet. (6) εἰσανάγοντο. A. (7) Εἰνθάδι
δὴ πιζοὶ πρότεροι κίον, κ. λ. A. Deeſt ναῦται in B.

Con punte acute quaſi che d'antenna
Del meſe ſul principio comparendo
Con luce nuova, ſuſcita la nebbia
Senz'ombra; ma allorchè cerchiando in giro
Lo ſplendore dell'occhio, a ſe n'attrae
Del Sole i raggi, che in lei trovan duro,
Tal raggiante la Ninfa Terapnea
Fuor traſſe allora il ſuo vermiglio braccio,
Maneggiatore del diletto fuoco.
Quindi il lampo del fuoco in aer mirando,
Rivolſero le navi addietro dando

　　　　　　　　　　　　　　　　　　Gli

Non vero quando exacuens cuspides cornuum
Recens orta sub mensis initium *refuscitat umbrosam* 505
   caliginem :
Verum quando circulo complens orbicularem splen-
   dorem oculi sui
Oppositos solis radios attrahit :
Talis radians tunc nympha Therapnaea
Formosum cubitum sustulit , amicae gubernatorem
   facis .
Ipsi vero lumen sublime lampadis conspicientes ,   510
Naves converterunt retrogrado cursu
Graeci properantes . Omnis vero urgebat nauta
Tristis belli cupiens exitum reperire :
Iidem vero & nautae erant , & fortes bellatores ,
Sibique invicem animos addebant . Ceterum naves 515
   impulsae ,
Citae , celeri flamine velocium ventorum
Ad Ilium pervenerunt , Neptuni auxilio .
Tum vero praecedebant nautae : relicti vero sunt
                    Equi-

Gli Argivi in fretta, di lor remi a forza.
E ogni nocchiero si studiava, il fine
Trovar cercando della trista guerra.
Naviganti, e guerrieri eran valenti
Gli stessi, che tra lor s'incoraggivano.
Le navi adunque di veloce corso
Spinte da tosto ubbidiente voga
Di ratti venti, ad Ilio ne giunsero
Di Nettun coll'aiuto. Quivi prima
I naviganti andar, lassati addietro

                    I ca-

Ἱππῆες κατόπισθεν, ὅπως μὴ Τρῶϊοι ἵπποι
520 Λαὸν ἀναςήσωσιν ἐγειρόμενοι (1) χρεμετισμῷ.
Οἱ δ' ἕτεροι γλαφυροῖο (2) διὰ ξυλόχοιο θορόντες
Τευχησαὶ βασιλῆες, ἀπὸ δρυὸς οἷα μέλισσαι,
Αἷτ' ἐπεὶ ἂν ἔκαμον πολυχανδέος ἔνδοθεν ἵππου (3)
Κηρὸν ὑφαίνωσαι μελιηδέα φυλάδι τέχνῃ, (4)
525 Ἐς νομὸν εὐγυάλοιο, ἣ ἔνθεσιν (5) ἀμφιχυθεῖσαι
Νύμφασι τημαίνωσι παρασείχοντας ἐθίλας·
Ὣς Δαναοὶ κρυφίοιο λόχου κληῖδας ἀνέντες,
Θρῷσκον ἐπὶ Τρώεσσι, ὣ εἰσέτι κοῖτον ἔχοντας
Χαλκείῳ θανάτοιο κακαῖς ἐκάλυψαν ὀνείροις.
530 Νήχετο δ' αἵματι γαῖα· βοὴ δ' ἄλληκτος ὀρώρει
Τρώων φευγόντων· ἐσσείετο (6) δ' Ἴλιος ἱρὴ
Πιπτόντων νεκύων· τοὶ δ' ἀνδροφόνῳ κολοσυρτῷ
Εὗζονοι (7) ἔνθα ἣ ἔνθα, μεμηνότες οἷα λέοντες,
Σώμασιν ἀρτιφάτοισι γεφυρώσαντες ἀγυάς.

Τρω-

(1) ἀμρομέωρ. A.   (2) γλαφυρῆς ἀπὸ γαείρος ὕρρίου ἄππυ Ἕππ-
χπαί, π. λ. A.   (3) ἐνδάδι σίμβλαι. A.   (4) ποικιλοτέχνῃ.
A. (5) ἄγγιος. A. (6) ἐτιάπτε. A.   (7) Deeſt totus hic verſus
in A.

I cavalier, perchè i cavai Troiani
La gente non deſtaſſer col nitrito.
Gli altri Re armati, dal cavato boſco
Saltando fuor, quaſi da quercia pecchie,
Le quali, allor che lavoraro dentro
Vn capace caval, dolce teſſendo
Melata cera con intanata arte,
Di lido al paſco, e ſu' fiori verſandoſi
Oltraggian con punture i paſſeggieri.

Equites poſt tergum, ne Troiani equi
Populum ſuſcitarent, excitantes hinnitum. 520
Alii vero e concavo equo proruentes
Bellatores reges, quemadmodum e quercu apes,
Quae poſtquam laborarunt intra capacem equum
Ceram dulcem contexentes occulta arte,
Ad pabulum litoris, & floribus circumfuſae 525
Aculeis laedunt praetereuntes viatores:
Sic Danai occulti doli repagula removentes
Irruerunt in Troianos, & adhuc lectum tenentes
Oppreſſerunt malis ſomniis aeneae mortis.
Natabat autem ſanguine terra : clamor etiam im- 530
 menſus excitabatur
Troianorum fugientium : quaſſabatur ſacrum Ilium
Cadaveribus cadentibus. Ipſi vero cruento tu-
 multu
Milites hinc & inde cum furore ruentes, quemad-
 modum leones,
Corporibus recens perensuis, quaſi ponte ſtraverunt
 vias.

                                            Tro-

Sì i Danai differrando il chiuſo agguato,
I Troiani aſſaltaro, e ancor tenenti
Il letto, gl' ingombrarono con ſogni
Triſti di ferrea morte : ed il terreno
Notava in ſangue ; ed uſcian ſtrida immenſe
De' fuggenti Troiani, e un terremoto
Era in Ilio ſacrata, dal cadere
De' morti. Quei con micidial fracaſſo
Quà e là in furia ſcorrean, quai lioni,
Le vie facendo ponti con gl' ucciſi.

                   F   Le

535 Τρωϊάδες δὲ γυναῖκες ὑπὶρ τεγέων ἀΐουσαι, (1)
Αἱ μὲν ἐλευθερίης ἐρατῆς ἔτι διψώουσαι,
Αὐχένας ἐς θάνατον δειλᾶϊς ἐπίβαλλον ἀκοίταις.
Αἱ δὲ φίλοις ἔτι παισὶ, χελιδόνες οἷά τε κῦφαι,
Μητέρες ὠδύροντο. νέη (2) δέ τις ἀσπαίροντα
540 Ἡΐθεον κλαύσασα, θανεῖν ἔσπευδε (3) ᾧ αὐτή·
Οὐδὲ δορυκτήτοισιν ὁμοῦ δεσμοῖσιν ἔπεσθαι
Ἤθελεν, ἀλλ᾿ ἐχόλωσε ᾗ ἐκ ἐθέλοντα φονῆα,
Καὶ ξυνὸν λέχος ἔσχεν ὀφειλομένῳ παρακοίτῃ.
Πολλαὶ δ᾿ ἠλιτόμηνα ᾗ ἄτνοα τέκνα φορῦσαι,
545 Γαςέρος ὠμοτόκοιο χύδην ὤλλυα μεθεῖσαι,
Ῥιγεδαναὶ (4) σὺν παισὶν ἀπεψύχοντο ᾗ αὐταί.
Παννυχίη δ᾿ ἐχόρευσεν ἀνὰ πτόλιν,(5) οἷα θύελλα,
Κύμασι παφλάζουσα πολυφλοίσβου πολέμοιο,
Αἵματος ἀκρήτοιο μέθης ἐπίκωμος Ἐννώ.
550 Σὺν δ᾿ Ἔρις οὐρανόμηκες ἀναςήσασα κάρηνον

Ἀρ-

(1) ἀΐσσται. Α. (2) νία. Α. (3)ἐσπύδαζι. Β. cum iactura verfus. (4) Ῥιγεδαναῖς. Α. (5) πόλιν. Β.

Le femmine Troiane fopra i palchi
Vdendo, della grata libertade
Parte ancor fitibonde, agl' infelici
Conforti ne porgeano a morte il collo;
Parte fa i cari figli, quai leggiere
Rondinelle, le madri feano pianto.
E alcuna giovinetta, il palpitante
Giovin piangendo, a morte corfe anch' effa;
Nè volle andar co' prigion prefi in guerra,
Ma mife in ira l' uccifore a forza,
E collo fpofo ebbe comune letto.
Molte con figli in corpo, e non del mefe,

Nè

Troianae vero mulieres in tectis audientes tumultum, 535
Aliae quidem libertatem amabilem adhuc sitientes,
Colla ad necem porrigebant miseris maritis:
Aliae vero super caris liberis, veluti hirundines ex-
    peditae
Matres lugebant. Iuvencula vero quaepiam palpi-
    tantem
Iuvenem deplorans, mori festinabat etiam ipsa: 540
Neque una sequi bello captos vinctos
Volebat, verum irritavit contra se invitum hostem,
Et commune sepulcrum sortita est cum proprio ma-
    rito.
Multae vero gestantes fetus immaturos, necdum vi-
    tales,
Effundentes partum imperfectum ventris abortientis, 545
Et ipsae efflabant animam horribiliter cum liberis.
Per noctem vero totam tripudiavit per urbem quasi
    turbo,
Vndis aestuans tumultuosi belli,
Meri sanguinis ebrietate plena Bellona.
Simul etiam Contentio, excelsa suscitans capita, 550
                                    Grae-

Nè rifiatanti, il parto d'immaturo
Ventre sciupando, orribili co' figli
Esse medesme ancor spirar la vita.
Per la cittade tutta quella notte
Danzava, qual bollente aspra procella,
Nell' onde della strepitosa guerra
L' insolente Bellona, ed ubbriaca
Di pretto sangue; e la Discordia insieme
Con ella alzando al ciel l'immenso capo,

Α'ργείας ὀρόθυνεν· ἐπεὶ κ) Φοίνιος Α"ρης
Ο'ψὲ μὲν, ἀλλὰ κ) ὡς πολέμου (1) ἑτεραλκέα νίκην
Η"λθε φέρων Δαναοῖσι κ) ἀλλοπρόσαλλον ἀρωγήν.
Ι"αχε (2) δὲ γλαυκῶπις ἐς ἀκρόπολιν Α'θήνη,
555 Αἰγίδα κινήσασα, Διὸς σάκος· ἔτρεμε δ' αἰθὴρ
Η"ρης στερχομένης· ἐπὶ δ' ἔβραχε γαῖα βαρεῖα,
Πιλλομένη τριόδοντι Ποσειδάωνος ἀκωκῇ·
Ε"φριξεν δ' Α'ίδης, χθονίων δ' ἐξέδραμε (3) θώκων,
Ταρβήσας μή πού τι, Διὸς μέγα χωσαμένοιο,
560 Πᾶν γένος ἀνθρώπων κατάγη ψυχοςόλος Ε'ρμῆς.
Πάντα δ' ὁμοῦ κεκίνητο, φόνος δέ τις ἄκριτος ἦεν.
Τοὺς μὲν γὰρ φεύγοντας ἐπὶ Σκαιῇσι πύλῃσι
Κτεῖνον ἐφεςηῶτες· ὁ δ' ἐξ εὐνῆς ἀνορύσας,
Τεύχεα μαςεύων, δνοφερῇ περικάππεσεν αἰχμῇ.
565 Καί τις ὑπὸ σκιδεντι δόμῳ κεκρυμμένος ἀνὴρ,

                                        Σελ-

(1) πολέμων. A. Deeſt πολέμου in B. (2) Ι"σχω ... , . ἐπ' ἀκροπολ-
ἰης. A. (3) ἐξέδραμι. A.

Sollevava gli Argivi; poichè Marte
Sanguigno tardi in ver, ma pur di guerra
La vittoria alternante andò recando
A' Danai, e 'l foccorſo, ch' or và a uno
Ora ad altro. Sonò alla fortezza
L' occhiazzurra Minerva, dibattendo
L' Egi, di Giove ſcudo. Tremò l' etere,
Affrettandoſi Giuno; e la gravofa
Terra ſcricchiò ſquaſſata dalla punta
Di Nettunno a tre denti. Accapriccioſſi
Plutone, e fuor delle terreſtre ſedi
Scappò, temendo, non forſe crucciato
A diſmiſura Giove, tutto il genere

                                        Vma-

Graecos concitabat : quoniam etiam cruentus Mars ,
Sero quamvis , verumtamen etiam fic alternantem
  belli victoriam
Venit adferens Graecis , & auxilium non uni femper
  praefens .
Infonuit verfus arcem caefia Minerva ,
Aegidem concutiens, Iovis clypeum : tremuit aether , 555
Iunone approperante : infonuit terra ampla ,
Quaffata tricipite mucrone Neptuni .
Horruit vero Pluto , ac cucurrit e fedibus terreftri-
  bus ,
Metuens ne forte Iove irafcente valde ,
Vniverfum genus hominum deducat animarum de- 560
  ductor Mercurius .
Omnia fimul quaffabantur , caedefque immenfa e-
  rat .
Hos enim fugientes ad Scaeas portas
Interfecerunt adftantes ; alius vero e lecto furgens ,
Armaque quaerens , in haftam incidit inexfpecta-
  tam .
Alius etiam vir in domo opaca abfconditus ,   565

                                    Quum

Vmano già guidaffe il guidatore
Dell' anime Mercurio. Il tutto infieme
Movevafi, e la ftrage erane immenfa,
Ineftimabil; che quei, che fuggiano
A porte Scee, ftando ivi egli uccideano,
Quel di letto levatofi, e cercando
Dell' armi, cadde fovra fcura lancia:
E alcun uomo nafcofo fotto ombrofa

                F 3   Ca-

Ξεῖνος ἐὼν ἐκέλευσεν, (1) οἰόμενος φίλον εἶναι,
Νήπιος, ὃ μὲν ἔμελλεν ἑωηῖ φωτὶ μιγῆναι,
Εεἰνια δ᾽ ἐχθρὰ κόμισσεν. ὑπὲρ τέγεος δέ τις ἄλλος
Μήτω παπταίνων τε (2) θεῷ διέπιπτεν ὀϊςῷ.
570 Καί τινες ἀλγηρῷ (3) κραδίην β.βολημότες (4) οἴνῳ,
Ε᾽κπλαγέες ποτὶ δοῦτον, ἐπειγόμενοι καταβῆναι
Κλίμακος ἐξελάθοντο, καθ᾽ ὑψηλῶν τε μέλαθρων
Ε᾽κπεσον ἀγνώσσοντες, ἐπαυχενίοις (5) δὲ λυθέντες
Α᾽ςραγάλοις ἐάγησαν· ὁμοῦ δ᾽ ἐξήρυγεν οἶνος.
575 Πολλοὶ δ᾽ εἰς ἕνα χῶρον ἀολλέες ἐκτείνοντο
Μαρνάμενοι· πελλοι δὲ διωκόμενοι κατὰ πύργων
Η᾽ριπον εἰς ἀΐδαο, πανύςατον ἅλμα θοροντες.
Παῦροι δὲ ςειηῆς διὰ κοιλάδος, οἷά τε φῶρες,
Πατρίδος ὀλλυμένης ἔλαθον χειμῶνα φυγόντες.
580 Οἱ δ᾽ ἔνδον πολέμῳ κ᾽ ἀχλύϊ κυμαίνοντες, (6)

A᾽ν-

(1) ἐκάλεσεν. A. B. (2) παπταίνοντι. A. παπταίνοντα. B. (3) ἀλ-
γινῷ. A. (4) βιβαρηότις. A. (5) ἐπαυχνίως . ἀςραγάλης . . .
ἐξήρεον οἴω. A. (6, Hæc est lectio Codicis A quam utpote meliorem, in textum intulimus. Cod. B. pro ἀχλύϊ κυμαίνοντες habet
ἀχλύϊ λαχόντες ἀθλῖοι.

Cafa, ftraniero eſſendo, confortava
Vn altro, per amico riputandolo;
Scolto, che non era ei per meſcolarſi
Con uom benigno, e con amico ſuo;
Ma oſpital mancia riportò nimica.
Sopra 'l tetto alcun altro non ben anco
Oſſervando intoppò in veloce freccia.
Altri colpiti il cuor da triſto vino,
Sbalorditi al rumor, ſcendendo in fretta,
Della lumaca ſi ſcordaro, e d'alti

Cad-

Quum effet hofpes, alium *hortabatur*, *putans ami-*
  cum effe;
Stultus iple, *non quidem congreffurus erat cum bo-*
  no viro,
Ac xenia inimica retulit. *In teClo vero alius quifpiam*,
Nondum circumfpiciens, *veloci concidit iaculo*.
Alii etiam fauciati cor trifti vino,   570
Exterriti ad tumultum, *feftinantes defcendere*,
Scalae obliti funt, *ac de altis tabulatis*
Deciderunt infcii: foluti vero collaribus
Vertebris, *fraCli funt: fimul etiam vinum in vomi-*
  tu exiit.
Multi in uno loco frequentes interficiebantur,
Pugnantes. *Multi fugati de turribus*   575
Deciderunt in Plutonis domum, *poftremum faltum*
  faltantes.
Fauci vero in angufta valle, *quemadmodum fures*
Patria pereunte latuerunt, *tempeftatem* belli *fugientes*.
Alii vero in bello, *ac tenebris fluCluantes*,
                                                    Vi-   580

Caddero palch', non fapendo nulla.
Cosl ruppero i collo, e 'l vin fmaltiffi
In un fol luogo molti uniti, e ftretti
Vccideanfi pugnando, ed infeguiti
Caddero molti dalle torri a Pluto,
L' ultimo sì facendo mortal falto.
Pochi per ftretta e cava via, quai ladri,
Mentre peria la patria, la borrafca
Fuggiro di nafcofo; ed altri in guerra,
E nella zuffa tenebrofa, fimili
        F 3   Ad

Α'νδράσιν οἰχομένοισι κỳ οὐ φεύγυσιν ὁμεῖοι,
Πίττον ἐπ' ἀλλήλοισι · πόλις δ' ὶ χάνδανε λύθρον,
Α'νδρῶν χηρεύυσα, τεριπλήθυσά τε νεκρῶν.
Οὐδέ τι φειδωλή τις ἐγείνετο · (1) φοιταλίη δὲ
585 Στερχόμενοι μάςιγι φιλαγρύπνοιο κυδοιμοῦ,
Οὐδὲ θεῶν ὅτιν εἶχον ἀθεσμοτάτης ὑπὸ ῥιπῆς,
Α'θανάτων δ' ἔχραινον (2) ἀπενθέας αἵματι βωμούς.
Ο'ικτρότατοι δὲ γέροντες ἀτιμοτάτοισι φόνοισιν
Οὐδ' ὀρθοὶ κτείνοντο, χαμαὶ δ' ἱκετήσια γῦνα
590 Θεινόμενοι πολιοῖσι κατεκτείνοντο (3) κάρησιν.
Πολλὰ δὲ νήπια τέκνα μινυνθαδίων ἀπὸ μαζῶν
Μητέρος ἡρπάζοντο, κỳ οὐ νοέοντα τοκήων
Α'μπλακίας ἀτέτινον · ἀνημέλκτυ δὲ γάλακτος
Παιδὶ μάτην ὀρέγυσα χοὰς ἐκόμισσε τιθήνη.
595 Οἰωνοί τε κυνές τε κατὰ πτέλιν ἄλλοθεν ἄλλοι
Η'έριοι

(1) Huius quoque loci veram lectionem eidem Codici A. debemus, quem penitus sequuti sumus. Codex B. habet ἐγίγνετο, & στιρχομένοις. (2) ἔχραινον habent Mss. ἔχθραινον editi. Primam nos lectionem amplexati sumus; secundam Salvinius. (3) γυῖα Τωνάρνοι π. κατικλίνοντο (corr. κατικτίνοντο) A.

Ad uomin, che partiſſer, non fuggiſſero,
Cadeano l'uno ſovra l'altro; e 'l guazzo
Non capea la città, vedova d'uomini
Renduta, e riempiuta di cadaveri.
Nè v'avea alcun riſparmio, ma furore;
Del vegghiante tumulto col flagello
Studiandoſi; nè aveano degli Dei
Riguardo per la loro iniqua voga.
Degl'immortai gli altar da lutto eſenti
Nimicavan col ſangue; e gl'infelici

Vee-

Viris abeuntibus & non fugientibus similes,
Cadebant super se invicem. Vrbs non capiebat cruo-
    rem,
Viris orbata, & repleta cadaveribus.
Neque clementia aliqua erat ; sed furioso
Irruentes Graeci *flagello nocturni tumultus,*   585
Neque deorum metum habebant iniquissimo prae im-
    petu,
Et maculabant sanguine laetas aras immortalium.
Miserrimi vero senes iniquissimis caedibus
Non stantes necabantur, sed humi supplicia genua
Abiicientes, canis interficiebantur capitibus.   590
Multi etiam infantes liberi de brevi morituris uberibus
Matris rapiebantur, & ratione carentes, parentum
Delicta luebant : lactis vero nondum exhausti
Infanti frustra praebens poculum mater mortem tulit.
Avesque, canesque per urbem aliunde alii,   595
                        Aëriae,

Vecchi con uccifion vituperofa
Non s'uccideano ritti, ma giù poste
Le supplici ginocchia, ne' canuti
Capi percoſſi sì veniano uccifi.
E molti ancora pargoletti figli
Dalle mammelle omai di corta vita
Della mamma rapianſi, e non avendo
Di ragion uſo, i falli ne pagavano
De' genitori, e del non munto latte
Porgendo indarno la fontana al figlio,
La nutrice la morte riceveo.
Per la cittade quinci e quindi uccelli,
E cani, commenfali pranzatori,

                      D' aria,

Η΄έριοι πεζοί τε συνέςιοι είλατιναςαὶ,
Αἷμα μέλαν τίνοντες ἀμείλιχον ἕλκον (1) ἐδωδήν.
Καὶ τῶν μὲν κλαγγὴ φόνον ἔπνεεν· οἱ δ' ὑλάοντες,
Α΄γρια κοπτεμένοισιν ἐπ' ἀνδράσιν ὠδύροντο,
600 Νηλέες, ὐδ' ἀλέγιζον ἑὺς ἐρύοντας (2) ἄνακτας.
Τῦ (3) δὲ γυναιμανέος ποτὶ δώματα Δηϊφόβοιο
Στείχυσιν (4) Ο΄δυσεύς τε ὁ εὐχαίτης Μενέλαος.
Καρχαρέοισι (5) λύκοισιν ἐοικότες, οἷθ' ὑπὸ νύκτα
Χειμερίην φονόωντες ἀσημάντοις ἐπὶ μήλοις
605 Οἴχονται, κάματον δὲ κατατρύχυσι νομήων.
Ε΄νθα δύω περ ἐόντες ἀπειρεσίοισιν ἔμιχθεν
Α΄νδράσι δυσμενέεσσι· νέη δ' ἠγείρετο χάρμη,
Τῶν μὲν ἐτρνυμένων, τῶν δ' ὑψόθεν ἐκ θαλάμοιο
Βαλλόντων λιθάκεσσι κỳ ὠκυμόροισιν ὀϊςοῖς.
610 Α΄λλὰ κỳ ὣς ὑπέρπλα καρήατα πυργώσαντες
Α΄ρρήκτοις κορύθεσσι, κỳ ἀσπίσι κυκλώσαντες,

Εἰσέ-

(1) ὔχω. Α. (2) ἐρύστις. Α. (3) Τὸ Α. Β. (4) Στιλλίσθω. Α. Β. (5) Καρχαλίοισι. Α.

D' aria, e di terra, il fangue ner bevendo,
Carpiano il fiero e difpietato pafto.
Degli uni lo ftridir fpirava ftrage;
Gli altri abbaiando fopra le perfone
Vccife, fieramente lamentavanfi.
Spietati, nè riguardo avean di trarre,
E lacerare i lor propri padroni.
Di Deifobo a cafa per le donne
Folleggiante fen vanno Vliffe, e 'l bello
Di chioma Menelao, a fieri lupi,
Ch' an denti, come feghe, fimiglianti,

Che

Aëriae, terreſtreſque, domeſtici comeſſatores,
Cruorem atrum bibentes, horrendum carpſerunt ci-
    bum .
Ac aliorum quidem caedem clangor ſpirabat : alii
    vero latrantes
Iuxta viros hoſtiliter interemtos lugebant ,
Immites ipſi *, neque curabant ſuorum dominorum ra-* 600
    ptores .
Ad aedes vero Deiphobi mulieroſi
Vlyſſes, & bene comatus Menelaus properant ,
Frendentibus lupis ſimiles , qui ſub noctem
Ilibernam graſſantes in oves incuſtoditas
Abeunt, ac laborem paſtorum conſumunt .   605
Ibi duo quamvis exſiſtentes , cum infinitis congreſſi ſunt
Viris hoſtilibus: nova vero excitabatur pugna ,
Aliis quidem irruentibus, aliis vero ex alto e tha-
    lamo
Iacientibus lapides, & funeſta iacula .
Atqui etiam ſic excelſa capita munientes   610
Robuſtis galeis , & clypeis circumdantes ,

                            Ir-

Che la notte d'inverno a incuſtodite
Gregge ne van ſpirando ſtrage, e morte,
E de' paſtor divoran la fatica.
Quivi, benchè due fuſſer, con immenſi
Vomin nimici meſcolarſi, e nuova
Si deſtò zuffa; quegli andando innanzi
All' aſſalto , e color d' alto, dal talamo
Gittando ſaſſi , e a preſta morte frecce .
Pur l' orgoglioſe teſte intorriando,
E di forti elmi, e ſcudi raccerchiando

                              Sal-

Εἰς θόρον μέγα δῶμα · κỳ ἀντίβιον μὲν ὅμιλον,
Θῆρας δειμαλίνς ἐλάων ἐλάϊξεν Ὀδυσσεύς. (1)
Ἀτρείδης δ' ἑτέρωθεν ὑποττηξαντα διώξας
615 Δηΐφοβον κατέμαρψε, μέσην κατὰ γαςέρα τύψας ·
Ἡ παρ ὀλιθηρῆσι συνεξέχιεν χολάδεσσιν.
Ὥς ὁ μὲν αὐτόθι κεῖτο λελασμένος ἱπποσυνάων.
Τῷ δ' ἕπετο τρομέυσα δομυκτῆτις (2) παράκοιτις,
Ἄλλοτε μὲν χαίρυσα κακῶν ἐπὶ τέρμασι μόχθων,
620 Ἄλλοτε δ' αἰδομένη · τότε δ' ὀψέ περ. ὡς ἐν ὀνείρῳ
Λαθρίδιον ςενάχυσα φίλης μιμνήσκετο πάτρης.
Αἰακίδης δὲ γέροντα Νεοπτόλεμος βασιλῆα
Πήμασι κεκμηῶτα παρ' Ἑρκείῳ κτάνε βωμῷ,
Οἶκτον (3) ἀπωσάμενος πατρῷον · οὐδὲ λιτάων
625 Ἔκλυεν, ἢ Πηλῆος ὁρώμενος ἥλικα χαίτην
Ἠϊδέσθ', ἧς ὕπο (4) θυμὸν ἀπέκλασεν, ἠδ. γέροντος,

Καλ-

(1) Hunc locum, paucis mutatis, ita reſtituimus ex Cod A.
(2) δομυκτήτη. A. (3) Ita ex Cod. A. (4) Heic quoque facem
praetulere A. & B. qui tamen pro ὑπὸ habet ἀπὸ, & pro ἠδ,
αδι.

Saltar nella gran cafa; e la contraria
Turba, che refiſtenza ne faceva,
E le porte fpezzonne fpaventofe
Vliffe; e altronde Atride perfeguendo
L' impaurito Deifobo, chiappollo
Ferendolo nel mezzo al corpo; il fegato
Sparfeli colle lubriche minugie.
Sì quivi ei giacque del valor fcordato,
E delle maeſtrie di cavalcare.
Il feguiva tremando la conforte
Coll' aſta guadagnata, ora godendo
Del fin delle fatiche dolorofe;

Or

Irruperunt in amplam domum Deiphobi: *& ob-*
viam quidem turbam,
Veluti *feras timidas irruens disiecit* Vlysses.
Atrides vero aliunde expavescentem insequutus
Deiphobum comprehendit, per medium ventrem fe- 615
riens;
Simul effusum est bepar cum lubricis intestinis.
Sic ipse quidem iacebat, oblitus fortitudinis.
Eum autem sequebatur tremens basta acquisita uxor,
Aliquando quidem gaudens propter fines malorum
laborum,
Aliquando vero erubescens: tuncque, sero quamvis, 620
ut in somnio,
Clanculum gemens, carae recordabatur patriae.
Aeacides porro Neoptolemus senem regem Priamum
Malis confectum interfecit apud Herceiam aram,
Pietatem abiiciens paternam: neque preces
Exaudivit, non Pelei *videns aequalem comam* 625
Reveritus est, propter quam iram fregit, senique
Priamo,

                    Quam-

Or vergognando; allor come in un sogno,
Con gemiti furtivi, benchè tardi,
Si rammentò della diletta patria.
E 'l vecchio Re l' Eacide Neottolemo,
Ch' era dalle sciagure affaticato,
Vccise presso dell' altare Erceo,
La paterna pietade ributtando;
Nè le suppliche udì; non di Peleo
La coetanea chioma rimirando,
Si vergognò; e ne cacciò la vita,

                       Di

Καίτερ ἐὼν Cζρύμηνις , ἐφείσατο τοτρὶν Ἀχιλλεύς·
Σχέτλιος , ἢ μὲν (1) ἔμελλε κ) αὐτόποτμος ὁμοίως
Ἔσσεσθαι παρὰ Cωμὸν ἀληθῆς Ἀπόλλωνος ,
630 Ὕςερον , ὁππότε μιν ζαθέῃ δηλήμονα νηῦ
Δελφὸς ἀνὴρ ἐλάσας ἱερῇ κατέτεφνε μαχαίρῃ .
Η᾽ δὲ κυβιςήσαντα διηερίων ἀπὸ πύργων
Χειρὸς Ὀδυσσῆος ὀλοὸν μέλος (2) ἀθρήσασα
Ἀνδρομάχη , μινύωρον ἐκώκυσεν Ἀςυάνακτα.
635 Κασσάνδρην δ᾽ ᾔσχυνεν Ὀϊλῆςς ταχὺς Αἴας ,
Παλλάδος ἀχράντοιο θεῆς ὑπὸ γοῦνα πεσοῦσαν.
Η᾽ δὲ βίην ἀνένευσε (3) , ᾧ ἡ τοτρόςθεν ἀρηγὼν
Ἀνθ᾽ ἑνὸς Ἀργείοισιν ἐχώσατο πᾶσιν Ἀθήνη.
Αἰνείαν δ᾽ ἔκλεψε κ) Ἀγχίσην Ἀφροδίτη ,
640 Οἰκτείρυσα γέροντα ᾧ ὑέα· τῆλε δὲ πάτρης
Αὐσονίην ἐπένασσε· θεῶν δ᾽ἐτελείετο βυλή ,

Ζη-

(1) ἣ μὲν ἔβαλλε καὶ αὐτῷ πότμος ὁμοί�ως Ἔσπεσθαι παρὰ βωμὸς ἀληθίας Ἀπόλλ. κ. λ. Α (2) Βιλος A. ita enim videtur poſſe legi. (3) ἀνένωσε θη τοτρόςθεν ἀρηγὼν, Ἀνθ᾽ ἱνὸς Ἀργείω δ᾽ ἐχώσατο, κ. λ. Α.

Di quel vecchio, cui pure in prima Achille
Rifparmiò, benchè d'ira acerbo, e grave;
Infelice: ei dovea par fimilmente
La fteſſa morte aver preſſo l'altare
Del veritiero Apollo, poſcia, quando
Lui guaftatore del divino tempio
Vn uom di Delfo trapaſſando uccife
Col fagrato cultello. E dalle torri
Aeree tombolante giù per mano
D'Vlıſſe, il miſer corpo riguardando,
Andromaca, il bambino Aſtianatte,

ℜ

Quamvis vehemens exſiſtens, pepercit antea Achil-
    les :
Miſer, debebat utique & ipſe ſimiliter eodem fato
Perire apud aram veracis Apollinis
Poſtea quando ipſum divini ut hoſtem templi,   630
Delphicus vir irruens, interfecit ſacro gladio.
Ipſa vero praecipitatum de altis turribus
Manu Vlyſſis miſerum filium conſpicata
Andromache, parvum lugebat Aſtyanaſta.
Caſſandram vero ſtupravit Oileus fortis Aiax,   635
Ad genua procidentem Palladis caſtae deae.
Ipſa autem vim renuit, & antea auxiliatrix,
Propter unum Graecis ſuccenſuit omnibus Miner-
    va.
Ceterum Aeneam & Anchiſen ſuſtulit clam Ve-
    nus,
Miſerata ſenem & filium : procul vero a patria   640
Italiam habitare fecit ; ac deorum ſic perficiebatur
    decretum,

                            Iove

Sì ne piagneva, ed ululava forte,
Caſſandra ſvergognonne d'Oileo
Il ratto Aiace, rifuggita ſotto
Le ginocchia di Palla intatta Dea.
La forza ella non volle, e rifiutolla;
E quella ch'era in pria difenditrice,
Con tutti, per un ſol, cruccioſſi Argivi.
Vener di furto traſſe Enea', e Anchiſe;
Compaſſionando 'l vecchio, ed il figliuolo,
E lungi dalla patria abitar fello
L'Auſonia; e degl'Iddii il voler compieſſi,

                                    Gio-

Ζηνὸς ἐπαινήσαντος, ἵνα κράτος ἄφθιτον εἴη
Παισὶ κ̀ ὑωνοῖσιν ἀρηϊφίλης Ἀφροδίτης.
Τέκνα δὲ κ̀ γενεὴν Ἀντήνορος ἀντιθέοιο
645 Ἀτρείδης ἐφύλαξε, φιλοξείνοιο γέροντος
Μειλιχίης προτέρης μεμνημένος, (1) ἠδὲ τραπέζης
Κοινῆς, (2) ἤ μιν ἔδεκτο γυνὴ πρηεῖα Θεανώ.
Δειλὴ Λαοδίκη, σὲ δὲ πατρίδος ἐγγύθι γαίης.
Γαῖα περιπτύξασα κεχηνότι δέξατο κόλτῳ·
650 Οὐδέ σε Θησείδης Ἀκάμας, οὐδ' ἄλλος Ἀχαιῶν
Ἤγαγε ληϊδίην· ἔθανες δ' ἅμα πατρίδι γαίῃ.
Πᾶσαν (3) δ' οὐκ ἂν ἔγωγε μόθου χύσιν ἀείσαιμι.
Μυσάων ὅδε μόχθος· ἐγὼ δ' ἄπερ ἵππον ἐλάσσω
Τέρματος ἀμφιέλισσαν ἐπιψαύουσαν ἀοιδήν.
655 Ἄρτι γὰρ ἀντολίηθεν ἀπόσσυτος Ὠκεανοῖο,
Ἠρέμα λευκαίνουσα κατέγραφεν ἠέρα πολλὴν
Νύκτα διαρρήξασα μιαιφόνον ἱππότις ἠώς.

Οἱ

(1) Pro μεμνημένος A. habet χάριν, cum metri tamen iactura.
(2) Κοίης. A. (3) Senſus hoc loco videtur aliquantulum abruptus;
pleniorem efficiunt Mss. addito sequenti versiculo:
Κιριάμοος τὰ ἕκαστα καὶ ἄλγια νυκτὸς ἐκείνης,
cum hoc tamen diſcrimine, quod in Cod. A. praecedit, in B. ſe-
quitur verſum 652. qui praeterea pro Κιριάμοος habet Κριάμοος.

Giove approvante; acciocchè fia podere
Immortale a' figliuoli, ed a' nipoti
Di Venere diletta a Marte. E i figli,
E la ſtirpe d'Antenore divino
Atride cuſtodì, della primiera
Dolcezza ſovvenendoſi del vecchio
Carezzator degli oſpiti, e comune
Tavola, dove il riceveo la moglie

Cor-

Iove id *approbante : ut imperium aeternum esset·*
Filiis & nepotibus Martiae Veneris.
Liberos vero & familiam Antenoris divini
Atrides servavit , hospitalis senis   645
Recordatus humanitatis prioris ; & mensae
Communis , qua ipsum excepit uxor blanda Theano.
Te vero, uxsera Laodice, prope patriam terram
Terra complexata , hiante suscepit sinu.
Neque te Thesides Acamas , neque alius Graecorum 650
Abduxit captivam : mortua sed es cum patria terra.
   Non iam ego omnem belli tumultum possem canere:
Musarum is labor est : sed , quasi equum , impellam
Cantionem terminum undequaque contingentem.
Iam enim ab oriente proruens Oceano   655
Paullatim albescens descripsit multum aëris
Aurora equestris, noctem dissipans funestam.
                                                    Ipsi

   Cortefe Teanone . Laodica
   Infelice! te preffo alla paterna
   Terra, la terra ricevè abbracciando
   Nel feno fpalancato ; nè il Tefide
   Te Acamante , o altri degli Achei
   Preda menò; e morifti colla patria.
Tutto non già canterei io il feguito
   Della guerra ; che quefta è delle Mufe,
   Fatica. Or qual Cavallo, io caccio e fpingo
   Il canto., che la meta omai ne tocca.;.
   Che poco fa nell'Oriente ufcita
   Dall'Oceano dolcemente l'aria
   Molta imbiancando, la dipinfe tutta,
   E la notte macchiata d'omicidi
   Squarciata à già la cavalcante Aurora,
                  G   E quel-

Οἱ δ' ἐπαγαλλόμενοι πολέμου ὑπερπυχέϊ νίκῃ,
Πάντες παπταίνεσκον ἀνὰ πτόλιν, εἴ τινες ἄλλοι
660 Κευθόμενοι φεύγωσι φόνε πανδήμιον ἄτην.
Ἄλλοι μὲν δέδμηντο λινῷ θανάτοιο πανάγρῳ,
Ἰχθύες ὡς ἀλίῃσιν ἐνὶ ψαμάθοισι χυθέντες.
Ἀργεῖοι δ' ἀπὸ μὲν μεγάρων νεοτευχέα κόσμον
Ἐξέφερον, νηῶν ἀναθήματα· πολλὰ δ' ἐρήμων
665 Ἥρπαζον θαλάμων κειμήλια· σὺν δὲ γυναῖκας
Ληϊδίας σὺν παισὶν ἄγον ποτὶ νῆας ἀνάγκῃ.
Τείχεσι δὲ πτολίπορθον ἐπὶ φλόγα θωρήξαντες,
Ἔργα Ποσειδάωνος ἵῃ συνέχευον ἀϋτμῇ.
Αὐτῷ κ̇ μέγα σῆμα φίλοις ἀρῖσιν (1) ἐτύχθη
670 Ἴλιος αἰθαλόεσσα· πυρὸς δ' ὀλεσίπτολιν ἄτην
Ξάνθος ἰδὼν, ἔκλαυσε γόων ἁλιμυρέϊ πηγῇ. (2)
Οἱ δὲ Πολυξείνης ἐπιτύμβιον αἷμα χέοντο, (3)
Μῆνιν ἱλασσόμενοι τεθνειότος Αἰακίδαο.

Τρωϊά.

(1) αὐτῶτν. Α. (2) Inter hunc, & ſequentem, alius inſeritur
verſus in A. nimirum:
Ἡφαίσῳ δ' ὑπόεικαν ἀτυζόμεναι χίλαι Ἥραι.
(3) χέαντις. Α. χαίοντις. Β.

E quelli feſteggiando dell' alcera
Vittoria della guerra, per cittade
Guardavan tutti, ſe alcuni altri aſcoſi,
La pubblica diſgrazia della morte
Fuggono; ed altri domi eran da rete
Di morte, ch'avea preſi tutti al giacchio,
Quai peſci ſteſi ſu marine arene.
Gli Argivi dalle caſe il freſco ornato
Via ne portavan, regali di templi;
E dall' abbandonate ne rapiano
Camere, gioie, e robe prezioſe:

E in-

Ipfi vero Graeci *exfultantes gloriofa victoria belli,*
Omnes luftrabant per urbem, fi qui alii
Latentes fugerent communcm caedis calamitatem . 660
Alii quidem vincti fuerant laqueo univerfali mortis,
Quemadmodum pifces fufi in marinis litoribus .
Graeci autem ex aedibus recentem ornatum
Efferebant, templorum donaria : multa ex defertis
Aedibus rapiebant cimelia ; fimul etiam mulieres 665
Captivas cum liberis ducebant ad naves violenter .
Contra moenia vero flammam vaflatricem armantes,
Opera Neptuni una confuderunt flamma .
Ibi magnum fepulcrum dilectis civibus facta eft
Troia incenfa. Ignis vero vaflatricem noxam
Xanthus intuitus, falfo luctus fonte deflevit . 670
Graeci vero *Polyxenes fanguinem fuderunt ad fe-*
pulcrum Achillis,
Iram placantes mortui Aeacidae .

Tro-

E infieme conduceanne co' figli
Alle navi le prefe donne a forza.
Contra le mura armando poi la fiamma
Abbattitrice di città, i lavori
Di Nettunno guaftar con una vampa.
Quivi gran monumento a' cittadini
Cari fu fatta la bruciata Troia.
La fciagura del fuoco ftruggitrice
Delle cittadi rimirando Xanto,
Pianfe con fonte di falato pianto.
Quei ful fepolcro il fangue ne verfaro
Di Puliffena, per placar lo fdegno
Del morto Achille, e sì traeano a forte

Τρωϊάδας δὲ γυνᾶῖκας ἐλάγχανον· ἀλλά τε πάντων (1)
Χρυσὸν ἐμοιρήσαντο κ᾽ ἄργυρον· οἶσι βαθείας
Νῆας ἐπαχθήσαντες, ἐριγδύπυ διὰ πόντυ
677 Ἐ᾽κ Τροίης ἀνόροντο (2) μόθον τελέσαντες Ἀχαιοί.

(1) ἄλλά τι πάττα. Α.   (2) ἀνέγοντο. Α. Β.
Τίλος Τρυφιοδώρυ ἁλώσιως Ἰλίυ. Α.
Τίλος τῦ διηγήματος Τρυφιοδώρυ περὶ τῆς Ἰλίυ ἁλώσεως. Β.

*Troianas porro mulieres fortiebantur : fed & omnium
Aurum diviferunt & argentum , quibus profundas
Naves onerantes , per mare gravifonum*
677 *E Troia folverunt , bello confecto Achivi .*

Le femmine Troiane; e omai di tutti
L' oro tra lor fpartirono, e l'argento;
De'quai le fonde navi caricando,
Pel mare che rimbomba da lontano,
Moffer gli Achei da Troia a guerra fatta.

IN TRYPHIODORI POEMA

SELECTAE ADNOTATIONES.

v. 2. Ἔργον Ἀθήνη. Id eſt, quod fabricaverat faber Epeus, de inſtinctu Minervae. Tametſi Dictys Cretenſis ſcribat l. bro 5. hiſtoriae belli Troiani, cui ipſe ſpectatur interfuit, fictum illum equum de conſilio He'eri vat's, Priami filii, qui ad Graecos ultro profugerat, exolus Troianorum ſcelera.

v. 6. Ἤδε μέν. Narratio quae ſubditur invocationi, cum propoſitione.

v. 17. ἱερὸν ἑταῖρον. Patroclum intelligit, Achillis ſodalem, interemtum ab Hectore. Iliad. π.

v. 18. Ἀντιλόχῳ. Filius fuit Neſtoris, interemtus a Memnone, Aethiopum rege. Calaber lib. 2. Παραλιπομένων Homeri.

v. 19. Αἴας. Aiacem Telamonium intelligit, qui ſeipſum propriis nteremit manibus. Vide Sophoclem in Aiace μαστιγοφόρῳ.

v. 22. ἱκίδιμον ἄλγος. Id eſt, non tantum lugebant Hectorem, & alios Troianos, praeſtantes viros interfectos, ſed etiam alios Belli ſocios, qui aliunde Troianis auxilio venerant.

v. 25. Σαρπηδόνα. Lyciae regem, natum ex Iove & Laodamia Bellerophontis fil. a. Iliad. lib. 16.

v. 29. Ῥῆσον μὲν Θρήκης. Rheſus Thracum rex fuit, qui ſubſidio Troianis veniens, prima mox nocte ex itinere defeſſus, in ipſis tentoriis ab Vlyſſe ac Diomede eſt interemtus. Iliad. κ.

v. 30. Μέμνονος. Memnon filius fuit Tithoni (fratris Laomedontis) & Aurorae, rex Aethiopum. Dictys lib. 4. & Odyſſ. λ.

v. 32. ἀπὸ Θερμώδοντος γυναῖκας. Amazones mulieres ad fluvium Thraciae Thermodontem habitantes. Vide Stephanum de Vrbibus.

v. 39. Θεοδμήτων. A deo exſtructis. Neptunus namque & Apollo Laomedontis precio conducti, muros Troianos aedificarunt. Iliad. lib. κ. & φ.

v. 44. Εἰ μὴ Δηίφοβον. Deiphobus filius fuit Priami, cui ceſſit in uxorem Helena, interemto Paride a Philoctete. Eas Deiphobi nuptias cum Helena, quum improbaret Helenus, ait Tryphiodorus ultro confugiſſe ad Graecos, proditurum ipſis fatum patriae ſuae; tametſi Dictys lib. 4. & alii etiam quidam, rem aliter geſtam commemorant.

v. 54. Ἤθελε καί. Id eſt, Pyrrhus paratum ſe Graecis obtulit cum Vlysse ad abripiendum Palladium clam noctu, quo a Troianis ablato fatale erat perire Troiam. Palladium autem statua fuit lignea, caelitus delapsa in templum Minervae, quod Ilus rex Troianus in arce in honorem Minervae aedificavit Dictys lib. 5. Ovid. 5. Fallor. & lib. 15. Metamorph. Virg. Aeneid. 2.

v. 59. Ἴδης. Mons est Phrygiae, non procul a Troia, in quo expositus fuit Paris, somnio quodam territa o matris Hecube : ubi quoque arbiter trium dearum fuit constitutus, certantium de formae praestantia.

v. 61. Πσέυ. Descriptio est equi fabricati ab Epeo.

v. 74. σώματος ἀνήρ. Os equi apertum fabricavit propter Graecos, qui in eo abditi fuerant.

v. 81. Σύμπαν ὅρα. Id est, adfabricarat reliquo corpori exudam prolixam. ad ipsos usque pedes, ad ipsum usque cornu demissam.

v. 91. κλυτόπωλοι. Ita reposuimus pro κλυτοπόλων, ut constaret versus. Iamotius tamen putat in hac voce ι ante α quiescere.

v. 95. πορφυρίοισι λύκοισιν. Hoc est, ori eius inseruit frenum variegatum, pulcreque ac affabre elaboratum. Dativum λύκοισι, qui heic abundat, pertinere putat Iamotius ad versum qui desideratur.

v. 126. Ἡμῖν διάτσσαι. Id est, meliorem caussam habemus: pugnamus pro defensione iustitiae Habemus meliora oracula, quam illi, quae nobis deorum praescientiam & auxilium, ipsis pestem atque excidium denunciant.

v. 136. ἀμφαγακῶντες. Id est, equum in suum exitium in urbem ducentes.

v. 138. πῦρ ἴδιον. Id est, accensis castris cito abite, reditum in patriam simulantes, abditi alicubi, donec adventante nocte Sinon ex edito loco prolata face, nos ad occupandam Troiam revocet.

v. 144. Καί τότε. Id est, nihil tunc vos impediat, quo minus properetis dato signo, neque remigantium cessatio & mora: neque tenebrae noctis, quae saepe hominibus horrorem incutiunt ambulantibus in tenebris, quae per se etiam horrendae ac metuendae exsistunt : sed quisque tunc videat, ut se, suo genere, ac virtute digna faciat, & praemium eius accipiat partem praedae hostium, qua honorari solent milites strenui & intrepidi.

v. 156. τοῖος ἦν Ἀχιλλεύς. Hoc est, patrem in omnibus referebat.

v. 161. Διφόβω. Cum quo nupta fuit Helena, post interfectum Paridem a Philoctete. Virg. 2. Aeneid. Helenam autem per vitam cum quinque martis nuptam fuisse, scribit Lycophron.

v. 163. Λοκρός. Duo fuerunt Aiaces ; alter Aiax Telamonis filius, unde Telamonius dictus est : alter Aiax Oilei filius, regis Locrorum.

v. 168,

v. 168. Τεῦκρος . Teucer, frater fuit Aiacis Telamonii, natus quidem ex eodem patre Telamone, fed matre diverla, Hefione fci-licet, filia Laomedontis, forore Priami.

v. 181. ἱππείν ὁλκάδα . Id eſt, ad equum ligneum, qui ad modum vaſtae, & amplae navis fuerat exſtructus : feu quod traheretur rotis iunixus, quemadmodum navis remis impellitur.

v. 189. ὀρεστρεφίος ποταμείο . Ideſt, nivis liquefactae, & cum impetu inſtar torrentis ex monte, ubi morabuntur ferae, deiatae.

v. 202. ἐξιλάχεινν . Ideſt, Graeci reliquerunt nudum equum, non tectum, feu circumdatum vallo, ut a Troianis conſpici poſſet, quod quidem ut ita facerent, iuſſerunt Atridae, Vlyſſis fententiam ut potiorem approbantes. Seu , fecerunt id ita Graeci mandato regis, Vlyſſis ſcilicet, qui rex erat Ithacae inſulae.

v. 210. Ἀθαματτίδος Ἕλλης Hoc eſt, Hellefponti.

v. 211. Μήνος δι πληγήσω . Narratio de Sinone, qui fe ipfum ultro plagis adfecerat, deformato corpore fuo, ut eo citius perſuaderet Troianis, quo equum ilium ligneum in urbem reciperent.

v. 216. Μήτηρ πυρός Ἥρη . Iuno namque mater eſt Vulcani, fabri deorum.

v. 227. Ἥδι δ᾽ Τρόεσσι . Id eſt, & fumus ipfe fublatus ex incendio caſtrorum, ac verſus urbem a vento deiatus, & fama fub crepuſculum matutinum, nunciabant hoſtes arrepta fuga caſtra incendiſſe.

v. 255. παλαιῶν . Alii pro παλαιῶν, putant deeſſe γηραιῶν, vel aliud quid fimile.

v. 263. Φιλοκτήτ^ν . Philoctetes laborum Herculi comes fuerat, a quo moriente arcum cum fagittis acceperat ; line quibus Troiam capi non poſſe, oraculis praedictum fuerat. Is quum forte letali Herculis iaculo hydrae Lernaeae felle tincto, letaliter pedem vulneraſſet, ac Graeci fetorem eius vulneris diutius ferre non poſſent, in Lemnum infulam miſſus eſt ; unde poſtea ab Vlyſſe, ab exercitu illuc ablegato, reductus fuit. Calab. Lib. 9.

v. 270. Διὸς Ἰκεσίας . Ἰκεσίος, feu Ἰκέσιος Iuppiter , quod fupplicum pater ac defenfor crederetur, feu ad quem fupplices contugiebant.

v. 329. πρόγαμοι . Defponfatae, promiſſae viris, fponfis : verum nondum nuptae, nondum domum abductae.

Ibid. ἰάμονες Εἰλιιθυίας Ideſt nuptae, & quae iam pepererant . Lucina namque dea fuit, quam parturientibus praeeſſe credebat antiquitas , quae & εἰλυθυια, & ἐλυθώ Graecis dicitur , παρὰ τὸ εἰς τιετέσας ἐληλυθέναι.

v. 333. Θαλασσαίης μίτρης . Zonae confectae ex precioſa materia aliunde trans mare allatae .   v. 368.

v. 368 ἀδύις ὀνίρων. Id est, nunc complebuntur, quae somniis Hecubae praesignificata sunt, quum gravida somniaret, se Paridem facem ardentem parere, qua omnis Phrygia conflagraret.

v. 385 Ἑρκεῖου. Iovem Herceum dixere, cuius ara in medio aedium, praeter̄im optimatum, erigebatur, ut aedium ac totius familiae columen ac munimentum existeret, ἀπὸ τῦ εἴργειν, id est, ab arcendo, sep endo, & circumdando. Sunt itaque Hercei dii veteribus, quos Latini penetrales, seu penates nominant.

v. 406. μάντο τ' ἀγαθόν. Apollo nimque vatem eam fecerat ea lege, ut ipsi suas nuptias pollicetur: quod quum deinde recusasset, suspecta omnia eius vaticinia reddidit: hoc est, ut vera quidem praediceret, ceterum nemo d ctis eius fidem haberet.

v. 461 Ἔτιμι μίν. Quidam reponendum putant Κλαῖν μίν. Sed quum iterum idem verbum occurrat versu sequenti, retinendum omnino Ἔτιμι.

v. 463. ἱππείησιυ. Alii substituunt αἰς ποίησιν non satis feliciter.

v. 475. ἰθάλγι. Scilicet, ut responderet Helenae nominanti & Graecos in equo inclusos, & horum uxores: a qu bus quia abfuerant diutius, merito ad ipsarum nom na commovebantur

v 628. αὐτόπετρος ὁμοίως. Neoptolemus namque Achillis filius, domum reversus, quum ad templum Delphicum esset profectus, placaturus Apollinem, quem credis paternae in templo Apollinis ad Troiam a Paride peractae postulaverat, de instinctu Orestis filii Agamemnonis, a Delphicis in templo Apollinis est interemptus, quod crederetur venisse ut hostis, ad id fanum, quod thesauris atque donariis egregie erat instructum atque exornatum, diripiendum.

v. 641. Θεῶν δ' ἱτελείετο βυλή. Deorum decretum seu βυλή vocat, quod iam olim oraculis praedictum fuerat, Aeneam in Italiam venturum, & posteritatem eius perpetuo regnaturam.

v. 671. Ἐπιθές ἱκλαυσε. Id est, etiam inanima miserabantur tam tristem calamitatem Troianae urbis. Fuit autem Xanthus fluvius Troiae vicinus, sic dictus, quod ipsius aqua pota oves rutas efficeret.

IMPRESSVM FLORENTIAE QVAM DILIGENTISSIME

MENSE SEPTEMBRI CIƆ·IƆ·CC·LXV.

IN PERVIGILIO NATIVITATIS DEIPARAE

FELICITER.

*9 783337 243180 *